水产科学实验教材

贝类增养殖学实验与实习技术

于瑞海　王昭萍　王如才　赵玉明　郑小东　**编著**

中国海洋大学出版社
·青岛·

图书在版编目(CIP)数据

贝类增养殖学实验与实习技术/于瑞海等编著.—青岛：
中国海洋大学出版社，2009.3（**2012.2 重印**）

水产科学实验教材

ISBN 978-7-81125-306-1

Ⅰ.贝… Ⅱ.于… Ⅲ.贝类养殖－高等学校－教材
Ⅳ.S968.3

中国版本图书馆 CIP 数据核字（2009）第 030032 号

出版发行	中国海洋大学出版社		
社　　址	青岛市香港东路 23 号	**邮政编码**	266071
网　　址	http://www.ouc-press.com		
电子信箱	WJG60@126.com		
订购电话	0532—82032573(传真)		
责任编辑	魏建功	**电　　话**	0532—85902121
印　　制	淄博恒业印务有限公司		
版　　次	2009 年 3 月第 1 版		
印　　次	**2012 年 2 月第 2 次印刷**		
成品尺寸	170 mm×230 mm		
印　　张	14		
字　　数	185 千字		
定　　价	25.00 元		

水产科学实验教材编委会

主　编　温海深
副主编　王昭萍　唐衍力
编　委　温海深　王昭萍　唐衍力
　　　　张文兵　曾晓起　马　琳
　　　　于瑞海

前　言

　　贝类增养殖学是研究贝类增养殖的生物学原理和生产技术的一门应用科学,是一门实践性很强的学科。贝类增养殖学实验与实习技术主要是让学生了解和掌握贝类增养殖学研究的基本方法和生产技术。编者在中国海洋大学从事贝类学和贝类增养殖学实验和实习20多年,并在海洋贝类增养殖教学和研究中积累了较丰富的实践经验。编者根据贝类学、贝类增养殖学科的发展趋势和新课程体系改革要求,结合当前生产和科研工作需要,着重于培养学生动手能力、思维能力和创造能力的目的编写了《贝类增养殖学实验及实习技术》。

　　本教材是编者以中国海洋大学《贝类学与贝类增养殖学实验指导》讲义为基础,参阅相关资料经补充修改,适当吸收国内外的新技术、新成果编写而成的。全书共分两篇五章。第一篇主要是贝类增养殖实验部分,分基础性实验、综合性实验、研究性实验三章共17个实验,以提高大学生的实践能力和创新能力为目的。第一章以我国主要养殖品种的外部形态和内部解剖实验为主,第二章以我国经济贝类的分类为主,第三章以贝类增养殖相关生物学技术为主。第二篇为贝类增养殖学生产实习技术,着重培养学生分析问题和解决实际生产问题的能力。

　　本教材适用于高等水产院校水产养殖专业本科和大专学生,也可作为贝类增养殖科技工作者的参考书。

　　限于作者水平,书中缺点和错误在所难免,希读者批评指正。

编　者

2009 年 2 月

目　次

第一篇　贝类增养殖学实验技术

第二篇 贝类增养殖学生产实习技术

第一篇

贝类增养殖学
实验技术

第一章　基础性实验

贝类增养殖学实验须知

从事实验的工作者必须认真阅读、详细了解实验前后及其过程的知识和应遵守的规则,对实验须知简要说明如下:

一、实验目的

实验是课程讲授的一部分,其目的是配合课堂讲授,使一般理论通过实验后,对该课程有进一步的了解,使学习者通过实验,能够掌握各纲贝类的基本形态、构造,并能独立地进行贝类的分类。同时学会人工育苗及贝类食性、生长繁殖、底质分析等方法,逐渐掌握科学实验技术,获得独立工作能力。

二、实验过程中应注意的问题

实验用的材料应注意其性质,如果是活的应保持使其不死(实验前);如果是浸制的应先用清水冲洗,以避免药品刺激,影响实验。在冲洗时,不可水流过急,以免损坏材料的内外器官。贝类的标本是从全国各地采集来的,有的标本稀少而难采,有的质薄,故使用、观察标本时要耐心、小心。

使用的实验仪器、材料要爱护。如有浪费标本或损坏、丢失仪器等视情节照价赔偿。

实验过程中,禁止吸烟、大声喧哗,保持安静环境。

三、实验规则

(1)不迟到,不抄袭,安静、清洁、整齐、有条理。

(2)爱护仪器、标本,节约材料及药品,用完仪器必须洗净、擦干。

(3)不得损坏和遗失标本、仪器,如有损坏应及时报告指导教师,以便采取措施,妥善处理。

(4)不得自行拆装仪器,如发现仪器失灵,应及时报告指导教师,检查并予以处理。

(5)小组间不得相互调换仪器。

(6)将用完的材料(不能在用)弃入废物筒内。

(7)每个实验结束后,轮流打扫卫生,擦洗实验台及地板。

四、实验指导及实验报告

(1)教师在每次实验前仅做扼要说明,故在实验前必须阅读实验指导,结合课堂的理论讲授,首先要了解实验目的和内容要求。

(2)实验时应按实验指导进行。

(3)实验报告包括绘图和答题两部分。答题字迹要清楚,内容要明晰、有条理。绘图要注意以下几点:①一律用 3H 或 4H 铅笔绘图;②每图必须注字,图位于报告纸的稍左边,右边留空白做注字用,引线应采取一致;③绘图必须注意物体的图形、部位和比例,以求其准确,不可涂色。

(4)实验报告及答题一般要求当堂上交,最迟不得延至下次实验。

实验一　皱纹盘鲍的形态解剖

一、实验目的

通过鲍的形态与解剖实验,了解腹足纲,特别是低等腹足类形态与构造特征,如鳃1对、心耳1对,以及由于内脏块的扭转而使器官位置发生的变化等。为腹足类的分类和鲍鱼的养殖打下基础。

二、实验材料

本实验所用材料为皱纹盘鲍 *Haliotis discus hannai* Reeve,在分类上的位置是属于:

腹足纲 Gastropoda

　　前鳃亚纲 Prosodranchia

　　　　原始腹足目 Archaeogastropoda

　　　　　鲍科 Haliotidae

三、实验仪器

解剖剪、解剖盘、镊子等。

四、实验步骤及内容

(一)外部形态

1. 贝壳

贝壳为耳状,右旋,螺旋部小而低矮,体螺层扁而大,壳口广阔无厣,由壳顶向下自第二螺层的中部开始直至体螺层的边缘,有一条由许多突起所形成的螺肋,螺肋最尾端的四五个突起贯穿成孔,为废水、粪便及精卵排出体外的孔道。

2. 头部

头部位于足前端的一个大缺刻中,头的前端有1对大触角(即第1对触角),眼着生于第2触角的顶端,在头与触角之间有感觉灵敏的棕状突起的头叶。

头部腹面为富有肌肉可伸缩的吻,吻端为纵裂缝形的口,口的周围为具有多数小突起的唇。

3. 足

位于腹面,发达,蹠面广平,分上足和下足两部分。上足有许多上足小丘和上足触角;下足呈盘状。足的背面中央圆柱状的隆起肌肉是右侧壳肌。

4.外套膜

外套膜分左右两叶。

(1)右叶:自内脏圆锥体的锥顶部始,到内脏螺旋边缘止。又分成背腹两瓣,形成一个锥体形的外套袋。

(2)左叶:从右侧壳肌的左缘到足缘,从左肾到最前端,整个部分盖在内脏背面形成一个外套腔,又称呼吸腔。腔前端裂缝,分左右两半即外套裂缝。有3个外套触手。腔内有羽状鳃两枚。透过左侧透明的外套膜,可以看到大型的左侧黏液腺。

5.内脏块

内脏块的主要部分环绕于右侧壳肌的下缘,包含有生殖腺、嗉囊、胃、心脏、左肾、右肾。

(二)内部构造

1.呼吸系统

沿外套膜左侧的裂缝处剪开,露出呼吸腔,鳃一对,羽状,附于外套膜上,鳃背面的血管为入鳃血管,腹面的血管为出鳃血管,左鳃右侧的粗管为直肠,直肠两侧的皱褶为黏液腺。

2.消化系统

由吻部背面剪开皮肤露出咽头,在咽头的两侧有两团黄色腺体即为唾液腺。剪开锤头,露出口腔。口腔内背面两侧有一对角质颚板,口腔底面为齿舌。

咽头末端延长成食道,食道沿身体左侧至右壳肌的后方,通入一宽大的嗉囊,嗉囊经一狭窄的开口与胃相通。胃旁有一胃囊,其位置在内脏块的螺旋部。

胃末端与肠相接,鲍是一种草食性贝类,肠极长,沿右壳肌的左侧向前延伸至近咽头处,腹向后方至右壳肌的左后侧再转折向前成为直肠,直肠穿过心室而开口于外套腔。

胃外包有消化腺,呈扁平的块状,其右侧则较尖,突出于右壳肌右侧。

3.循环系统

心脏位于鳃后方的围心腔中,由一心室及二心耳所构成,心室被直肠穿过,肾脏位于围心腔两侧。

4.排泄系统

肾1对,左右各一,左肾小,右肾大,右肾孔与外界相通,起着生殖孔和排泄孔的双重作用。

5.生殖系统

雌、雄异体,无第二性征,无交接器和其他附属腺体。生殖季节里,雌、雄生殖腺色泽不同,雌呈灰绿色,雄呈乳黄色,可以通过性腺颜色区分雌雄。生殖细胞充满消化腺表面,伸展到右侧壳肌的左缘,精子、卵子成熟后,经肾腔、右肾孔排至呼吸腔,经出水孔排出体外。

6. 神经系统

神经系统较不集中。

(1) 脑神经节:1 对,位于口球前端的两侧,在头叶表皮下面,有带状脑神经连合相连,从脑神经后部分出脑侧神经连索,左右共 1 对,入侧足神经节。在脑侧神经连索的内腹侧有一条与其平行的脑足神经连索进入侧足神经节的腹面。

(2) 侧足神经节:位于右侧壳肌前端,内脏囊底中的线窝中,呈四角形,足神经节在最腹面,与其背侧面的侧神经节相愈合。

(3) 脏神经环:左侧脏神经索由左侧足神经节背面发出,经过食道腹面,经左侧脏神经连索到腹神经节。右侧脏神经索由右侧足神经节背面发出,经过食道背面,经右侧脏神经连索到腹神经节。

(4) 足神经索:自侧足神经节发出,分左、右两条向后延伸,贯通整个足。索间有横的足神经连合。足神经节伸出两条平行的足神经索埋于足部的肌肉中,仔细剖开足肌可见到足神经索几乎达足的末端。

五、作业

绘制皱纹盘鲍的内部构造图。

六、实验附图

见图 1-1-1-1、图 1-1-1-2、图 1-1-1-3。

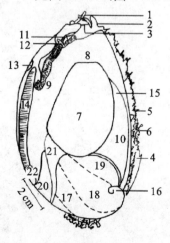

1. 触角;2. 眼柄;3. 头叶;4. 下足;5. 上足触角;6. 上足小丘;7. 右侧壳肌;8. 外套;9. 外套腔;10. 外套袋;11. 外套裂缝;12. 外套触角;13. 左侧壳肌;14. 左黏液腺;15. 内脏圆锥体;16. 内脏螺旋;17. 胃;18 嗉囊;19. 消化腺;20. 心脏;21. 右肾;22 左肾

图 1-1-1-1　皱纹盘鲍去壳后显示各器官部位图(背面观)

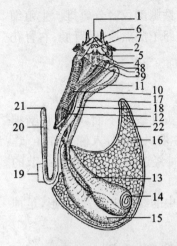

1.口；2.颚(右)；3.齿舌；4.舌突起；5.口袋(右)；6.唾液腺孔(左)；7.唾液腺(右)；8.背咽瓣(右半)9.腹咽瓣；10.食道；11.食道囊(右)12.齿舌囊；13.嗉囊；14.胃盲管；15.胃；16.消化腺；17.上行肠段；18.下行肠段；19.直肠穿入心室之区域；20.直肠；21.肛门；22.生殖腺

图 1-1-1-2　皱纹盘鲍消化系统背面观(仿梁羡园)

图 1-1-1-3　皱纹盘鲍的外形图

实验二　栉孔扇贝的形态解剖

一、实验目的

通过对栉孔扇贝形态和解剖的观察,掌握双壳贝类的一般外部形态、内部构造及其特征,特别是附着性贝类的外部形态和内部构造,为附着性贝类的养殖打下基础。

二、实验材料

本实验所用材料为栉孔扇贝 *Chlamys*(*Azumapecten*)*farreri*(Jones et Preston),在分类上的位置是属于:

软体动物门 Mollusca

　瓣鳃纲 Lamellibranchia

　　翼形亚纲 Pterimorphia

　　　珍珠贝目 Pterioida

　　　　扇贝科 Pectinidae

三、实验仪器

解剖剪、解剖盘、镊子等。

四、实验步骤及内容

(一)外部形态

1. 贝壳

贝壳呈扇状,两壳大小几乎相等,但左壳较右壳略凸,位于背缘的铰合部平直,壳顶具有前后两个三角形的耳状部,前耳大、后耳小,右壳前耳基部有一个缺刻,为足丝伸出之孔,在缺刻的腹缘有栉状小齿 6~10 枚。

壳轻而薄,适于开闭游动,由壳顶长出粗细不等的放射肋多条。左壳的主要放射肋 10 条左右,右壳的主要放射肋较左壳细,17~18 条,放射肋上有小的、不规则的指甲状突起,由于放射肋的凸凹起伏使双壳呈波纹状裙曲。

双壳腹缘密合,接近耳部的部分留有缝隙,因此在空气中耐干燥的能力不如蛤仔、牡蛎等。

除去一片贝壳,在壳顶处有棕黑色的韧带司贝壳的张开。韧带三角形,它的两端附着于两壳的小凹陷内。沿铰合部都平直的背缘还有一条很薄的外韧带,以联结双壳。铰合部无齿。

2. 外套痕

外套痕距壳缘相当远,左壳闭壳肌痕较右壳者大,并偏近于壳的腹缘。右闭壳肌痕较小偏近于铰合部(这是由于闭壳肌纤维斜行之故)。

3. 闭壳肌

扇贝闭壳肌为单柱型,仅有后闭壳肌,前闭壳肌退化消失。从右侧观察,闭壳肌可见到两部分,位于前背侧的,占肌束大部的黄白色部分为横纹肌,司双壳的迅速闭合;位于后腹侧的,小的肉红色部分为平滑肌,司壳的持久闭合。从左侧观察,在上述两部分肌肉的后背侧面有一束肌肉,它是唯一的一条缩足肌(即左右缩足肌)。

4. 外套膜

外套膜边缘无愈合着点,甚厚,富有肌肉,可分为三层,外层具有短小触手,中层(与外层分界不明显)的触手较大,并有外套眼,内层最宽,向内转折,形成一圈围屏状。内层在后端接近铰合部的地方左右愈合为一薄膜。

5. 内脏团

内脏团背面部分的黑绿色腺体为消化腺,其外包有一层生殖腺。

6. 鳃

鳃位于内脏块与外套膜之间,右侧鳃的前半部附着于闭壳肌的腹面。每一个鳃又分成内外两瓣,每一鳃瓣由许多并列的、与鳃轴垂直的鳃丝组成。每侧鳃内外两瓣合起来的形状呈 W 形。出入鳃血管均穿行于鳃轴内。

鳃丝的上行支仅达到下垂支高度的 2/3,鳃丝相互之间以及在鳃丝的上行支与下行支之间无血管相连,故称为假鳃瓣。

7. 腹嵴

左右两鳃之间的斧状部分为腹嵴,其中充满生殖腺,腹嵴背面有短小的圆棒状且退化的足,足的腹面有足丝沟,足丝沟向后方通向足丝孔,足丝由足丝孔生出。腹嵴两侧的一对囊状器官为肾脏。

8. 唇瓣

足的背上方位于鳃轴前端始点处的左、右两侧各有一对膜片状的唇瓣,外唇瓣为长方形,内唇瓣为三角形,内外唇瓣相向的一面均具有细致的皱纹。

唇瓣之间具有树枝状突起的器官,由于腹唇与背唇的树枝状突起相互交叉,而将口紧闭,但在口角处仍留有一小孔,与各侧的内外唇瓣之间的沟道相通。

9. 直肠

闭壳肌后面附有一条深褐色的管道,即为直肠,其位置稍偏于左方,末端游离。

(二)内部解剖

1. 围心腔

围心腔位于闭壳肌背面,消化腺之后,直肠穿行其间,并穿过心室。剪破围心腔露出心室,心室相当大,位于中央,绕附于直肠上,其壁疏松,如海绵质,心室两侧连着有两个形状不规则的心耳,心耳的尖端与出鳃静脉相连,心耳表面凹凸不平,覆有呈棕色的围心腔腺。

心室向前分出一支前大动脉,位于消化管的背面,后大动脉由心室后端分出,附着于直肠腹面右侧。

2. 消化道

口入食道,食道狭细而短,向后背方延伸,进入腹嵴的生殖腺内,此段为下行肠,新鲜的标本此段肠道内有晶杆,下行肠直达腹嵴的腹面尖端处,向背面折回而成为上行肠。上行肠附于闭壳肌上,行至消化腺后又偏向右侧,达消化腺背面时移至中央线而向后弯曲,穿出消化腺成为直肠。直肠穿过围心腔与心室之后沿着闭壳肌后面下垂,末端开口即为肛门。

3. 肾脏

肾脏位于腹嵴两侧,为大的囊状器官,右侧肾脏稍大,肾脏的背端开口于围心腔,其开口极小(切片方能看见),腹端开口于外套腔内,肾孔相当大,呈裂缝状。肾在稍近腹端处通出一条血管进入鳃血管。

4. 生殖腺

生殖腺充满腹嵴中,并包于消化腺外面,生殖腺有极细的孔道入肾脏(切片方能看到),借肾为通路,将生殖细胞排除体外,生殖腺成熟时,雌性呈橘红色,雄性为乳白色,精子和卵子排至体外受精发育。

5. 神经系统

神经系统由一对脑神经,一对足神经节和一个相当特化的脏神经节以及各种神经节的连接和分支组成。

(1)脏神经节:位于闭壳肌的腹面,腹嵴末端与闭壳肌联结点的右侧,它的结构复杂,由中叶和侧叶组成,中叶位置居中,又分为两个前中叶(深黄色)与一个后中叶(淡黄色)。中叶两侧连于两个半圆形的侧叶,脑脏神经节的地方,每侧有一个极小的神经节,蔽复在嗅检神经节上的上皮细胞即特化成嗅检器细胞。

(2)脑神经节:脏神经节连接沿腹嵴两侧向背面延伸至口与足之间的皮下接于脑神经节,脑神经节具有一隘部呈腰葫芦状,由隘部处两侧分出短的脑足神经连于足神经节。

(3)足神经节:两个足神经节彼此紧密愈合,由足神经节向后分出一对足神经通入足内。

(4)前外套神经:由脑神经的凹隘处外侧向前分生出 1 对"前外套神经"至食道旁进入消化腺内,又穿出消化腺的接近口端的背唇与外唇瓣相连接处进入外套膜。前外套神经边缘处连于"环外套神经"

(5)唇瓣神经:紧接于前外套神经的后面分出一对神经为唇瓣神经,进入唇瓣。

(6)脑神经节的前端分出脑神经节连结,与前外套神经平行绕行与食道背面。

(7)脑神经节的内侧上有一对极小的神经,位于脑足神经连结之前,联于一对极小的平衡胞。

(8)鳃神经:脑神经节在脑神经连结基部两侧分出一对鳃神经(与脑神经连接相垂直),通入鳃。

(9)脏外套神经:鳃神经之后为脏外套神经,左右两侧略不对称,右侧的脏外套神经为一条粗大的神经,与鳃神经平行,进入右外套膜后分为多条分支连于环外套神经。左侧的脏神经为数条小神经通入左外套膜之后连于环外套神经。

(10)后外套神经:由脏神经节后端分出一对神经为后外套神经,附于闭壳肌腹面。

(11)环外套神经:沿外套膜边缘的一条神经为"环外套神经",左右两侧的两条在绞合部前、后端相连,因此构成一个神经环。

五、作业

绘制栉孔扇贝的内部结构图。

六、实验附图

见图 1-1-2-1、图 1-1-2-2。

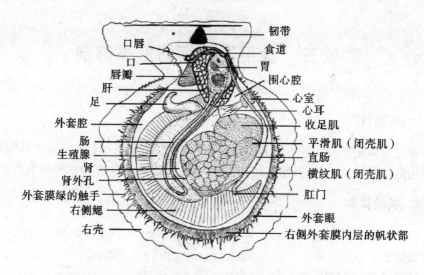

韧带
口唇
食道
口
胃
唇瓣
围心腔
肝
心室
足
心耳
外套腔
收足肌
肠
平滑肌（闭壳肌）
生殖腺
直肠
肾
横纹肌（闭壳肌）
肾外孔
外套膜绿的触手
肛门
右侧鳃
外套眼
右壳
右侧外套膜内层的帆状部

图 1-1-2-1　栉孔扇贝内部结构图（左侧面观，左侧的贝壳、外套膜、鳃和消化腺已部分移去）

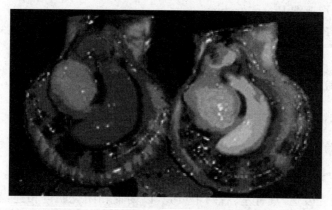

图 1-1-2-2　栉孔扇贝的雌雄贝性腺颜色图

实验三　太平洋牡蛎的形态解剖

一、实验目的

通过对太平洋牡蛎的形态和解剖的观察、掌握固着型贝类的一般外部形态，内部构造及其特征，了解其形态结构，将有助于开展多倍体育种和养殖生产。

二、实验材料

本实验所用材料为太平洋牡蛎 *Crassostrea gigas*（Thunberg），在分类上的位置是属于：

软体动物门 Mollusca

瓣鳃纲 Lamellibranchia

翼形亚纲 Pterimorphia

珍珠贝目 Pterioida

牡蛎科 Ostridae

三、实验工具

解剖盘、解剖器一套、起壳工具等。

四、实验步骤及内容

（一）外部形态

牡蛎贝壳发达，具有左、右两个贝壳，以韧带和闭壳肌等相连，右壳又称上壳；左壳又称下壳，一般左壳稍大，并以左壳固着在岩礁、竹、木、瓦片等固形物上。由于固着物的形状和种类的不同，以及固着面的大小不等，常常影响到贝壳的形状。

牡蛎有韧带一面壳较尖，称为壳顶部位，因为牡蛎的口接近这个部位，故又称为壳前部。相对的一端较圆称后部。前端至后端的最大距离为壳长。靠近鳃的一面称腹面，相对的一方称背面。背腹间最大距离为壳高，左右两壳之间最大距离为壳宽。

壳外表，在壳顶两侧有较大翼状突起，称为耳突。壳形极不规则，壳表面粗糙，具有鳞片和棘刺，壳表面常具有自壳顶射向四周的放射肋。壳顶内面为铰合部，铰合部包括左壳内面的一个三角形陷下的槽和右壳顶内面的一个圆柱状突起的脊。脊与槽相嵌合。槽的基部紧密地附着黑色或深棕色的韧带,以此连接左右两壳。铰合部两侧有的种类有一列小齿。左侧铰合部的下方有一凹陷,称为前凹陷。在壳内面后背部中央有一个闭壳肌痕。

太平洋牡蛎贝壳长形,壳较薄。壳长为壳高的3倍左右。右壳较平,鳞片坚厚,环生鳞片呈波纹状,排列稀疏,放射肋不明显。左壳深陷,鳞片粗大。左壳壳顶固着面小。壳内面白色,壳顶内面有宽大的韧带槽。闭壳肌痕大,外套膜边缘呈黑色。

(二)内部构造

牡蛎前闭壳肌退化,只有一个后闭壳肌。无足。外套膜二孔型,无水管。

1. 外套膜

外套膜包围整个软体的外面,左右两片,相互对称,外套膜的前端彼此相连接并与内脏囊表面的上皮细胞相愈合。

外套膜缘可分为三个部分。第一部分为贝壳突起,它是分泌贝壳的部分;第二部分为感觉突起,位于外套膜边缘的中央,它们对外界刺激,非常灵敏,专司感觉作用;第三部分即最内的一部分称为缘膜突起,缘膜突起可以伸展和收缩,控制进水孔的通道,起着调节水流的功用。

外套膜除了前端愈合外,在后缘也有一点愈合,将整个外套膜的游离部分分为两个区域,即进水孔和出水孔。

2. 鳃

鳃位于鳃腔中,左、右各一对,共4片。每一片鳃均由一排下行鳃和一排上行鳃构成,在下行鳃和上行鳃相接处有一条沟道,用于输送食物,称为食物运送沟。外鳃瓣上行鳃的末端与外套膜内表面相连,前部左、右内鳃瓣上行鳃的游离缘与内脏块相连,而后部左、右内鳃瓣上行鳃的游离缘互相愈合,这样就形成一个双W形,在每个W形的中央基部有一条出鳃血管,而在两个W形的连络处有一支粗大的入鳃血管,在鳃板中间有起支持作用的鳃杆和将鳃板隔成许多小室的鳃间膜。

鳃是由无数的鳃丝相连而成,从鳃的表面观察,可以看到起伏不平成波纹状的褶皱,每一褶皱一般由9～12根鳃丝组成,在褶皱的凹陷中央,有一根比较粗的鳃丝,它由两根相当粗的几丁质棒支持着,称为主鳃丝,主鳃丝的两侧为移行鳃丝,再侧面为普通鳃丝,在鳃丝上有前纤毛、侧纤毛、侧前纤毛和上前纤毛四种纤毛。

3. 消化器官

消化器官包括唇瓣、口、食道、胃、消化盲囊、晶杆、肠、直肠和肛门等。

唇瓣位于壳顶附近,鳃的前方,呈三角形,共两对,左右对称,基部彼此相连。

位于外侧者为外唇瓣；位于内侧者为内唇瓣。

口位于内外唇瓣基部之间，为一横裂。食道很大，背腹扁平。在短而扁平的食道下方有胃，呈不规则的囊状，四周被棕色的盲囊所包。

胃的背壁有胃楯，呈不规则状。晶杆自晶杆囊中伸入胃中，处于与胃楯相对的位置。

消化盲囊包围在胃的四周，它是由许多一端封闭的细管组成的棕色器官，它具有吸收养料和细胞内消化的作用。

晶杆囊几乎以其全长与肠相连，它们之间以一狭缝相通，整个晶杆囊的外围被肌肉组织所包围。晶杆囊中有一几丁质的棒状体，即为晶杆，它的中央核心部是液态，能来往流动，晶杆一般为黄色或棕色，半透明。

肠的中央有一个极大的肠嵴，在肠嵴的中央部凹下形成一个沟道。直肠的肠腔比中肠腔大，肠嵴更明显。

肛门位于闭壳肌背后方，开口于出水腔。

4. 循环器官

牡蛎的循环系统是开放式的。由围心腔、心脏、副心脏、血管和血液等部分组成。

牡蛎的围心腔是闭壳肌前方的一个空腔。腔外由单层细胞构成的围心腔膜包被着，心脏位于围心腔之中，围心腔中没有血窦和血管通入，也没有血液流入，只有一对肾围漏斗与肾脏相通。

围心腔中充满围心腔液，使心脏在围心腔中呈悬浮状态，可以防止心脏在跳动时与周围组织发生摩擦而受伤，而且还可保护心脏免受体组织的压挤。

心脏由一个心室二心耳构成，大多数牡蛎的心脏都不为直肠穿过。

副心脏在排水孔附近外套膜的内侧，左、右各一个。牡蛎的副心脏，主要是接受来自排泄器官的血液，然后把它们压送到外套膜中去，副心脏有自己的收缩规律，与心脏的搏动无关。

牡蛎血液稍带黄绿色，其中水占 96%，其他化学成分的百分率大体上与其周围的生活环境的海水和围心腔液相近似。

牡蛎的血管是开放式的，动脉与静脉之间没有直接的联系，而以血窦相衔接。

动脉由心室分出前大动脉和后大动脉两条大动脉。前大动脉又分出总外套膜和环外套膜动脉、胃动脉、内脏动脉等动脉分布到各器官上，后大动脉主要分布于后闭壳肌上。

血窦介于动脉和静脉之间，主要的有三个：①内脏窦，外形规则，位于内脏的内部；②肾窦，分两部分，一部分在肾的周围，另一部分在心脏与后闭壳肌之间；

③肌肉窦,位于后闭壳的腹面。

静脉血液自血窦开始最后集中入心耳再到心室。属于离心性的静脉有前外套膜静脉、后外套膜静脉、胃静脉、直肠静脉、肾静脉等,属于向心性的静脉有鳃静脉和外套膜的向心静脉。

5.排泄器官

牡蛎的肾脏由扩散在身体腹后方的许多小管和肾围漏斗组成。左、右各有一个。

肾围漏斗管一端开口于围心腔靠近心耳基部处;而另一端与大肾管相通,大肾管开口在腹崤末端附近处的泌尿生殖裂。

肾脏的主要部分是由许多肾小管组成,它们的末端闭封成盲囊。肾小管由方形的细胞组成,具纤毛,细胞质中没有呈结晶状的排泄物存在,肾小管的末端由柱状细胞构成,细胞内有许多颗粒状的细胞质。估计这部分可能起主要的排泄作用。

6.神经系统

牡蛎在幼虫时和其他双壳贝类一样,具有脑、足、脏三对神经节,但在成体时,由于营固着生活,足部退化,足神经节随之退化。

脑神经节位于唇瓣的基部,左右各一,由环绕食道的脑神经节连络神经相连,脑神经节派生出外套膜神经,它通过唇瓣的结缔组织而分布于外套膜,最后与外套膜周缘相连,唇瓣神经也是由脑神经节派生。

脏神经节位于闭壳肌的腹面。左右脏神经节合并为一。由脏神经节派生出的神经共有7对:脑脏连络神经、鳃神经、闭壳肌神经以及前外套、侧外套、后外套和侧中央外套神经。

牡蛎在成体时的感觉器官,有平衡器、腹部感受器和没有分化成特别感觉器官的感觉上皮,在幼虫时还具有眼点,但在成体时消失。

7.生殖器官

(1)生殖器官的形态:在繁殖的季节里可以看到牡蛎内脏囊的周围充满了乳白色的物质,这些丰满的乳白色的物质就是生殖腺。

(2)生殖器官的构造:牡蛎的生殖器官基本上可分为滤泡、生殖管和生殖输送管三部分。

1)滤泡:滤泡由生殖管的分支沉没在周围的网状结缔组织内膨大而成。滤泡壁由生殖上皮构成,生殖原细胞可以在这里发育成精母或卵母细胞,最后形成精子或卵子。

2)生殖管:生殖管分布于内脏囊周围的两侧,呈叶脉状,这些细管也是形成生殖细胞的重要部分。在成熟时,管内充满生殖细胞,依靠管壁内纤毛的摆动将已成熟的生殖细胞输送到生殖输送管中。

3)生殖输送管:生殖输送管是由许多生殖管汇合而成的粗大导管。管内纤毛丛生,但没有生殖上皮。管外周围有结缔组织和肌肉纤维。生殖输送管在闭壳肌的腹面的泌尿生殖裂处开口,起着输送成熟的精子或卵子的功用。

五、作业

绘制太平洋牡蛎的内部结构图。

六、实验附图

见图 1-1-3-1、图 1-1-3-2。

图 1-1-3-1　太平洋牡蛎外形图

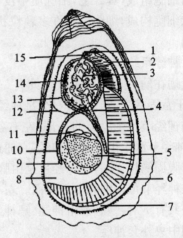

1.口;2.唇瓣;3.胃;4.晶杆囊;5.闭壳肌;6.鳃;7.外套膜;8.鳃上腔;9.肛门;10.直肠;11.心脏;12.直肠腺;13.肠;14.消化盲囊;15.食道

图 1-1-3-2　牡蛎内部构造示意图

实验四 缢蛏的形态解剖

一、实验目的

通过对缢蛏形态和解剖的观察,掌握埋栖型贝类的一般外部形态,内部构造及其特征。了解埋栖性贝类生态习性,有助于开展滩涂贝类的增养殖生产。

二、实验材料

本实验所用材料为缢蛏 *Sinonovacula constricta*(Lamarck),在分类上的位置是属于:

软体动物门 Mollusca
  瓣鳃纲 Lamellibranchia
    异齿亚纲 Heterodonta
      帘蛤目 Veneroida
        竹蛏科 Solenidae

三、实验仪器

解剖剪、解剖盘、镊子等。

四、实验步骤及内容

(一)外部形态

1. 贝壳

贝壳脆而薄,呈长圆柱形,高度约为长度的1/3。宽度为长度的1/5~1/4。贝壳的前后端开口较大,前缘稍圆,后缘略呈截形。贝壳的背、腹缘近于平行。壳顶位于背面靠前方1/4处。壳顶的后缘有棕黑色纺锤状的韧带,韧带短而突出。自壳顶至腹面具有显著的生长纹。这些生长纹距离不等,可作为推算其生长速度快慢的参考。自壳顶起斜向腹缘,中央部有一道凹沟,故名缢蛏。壳面被有一层黄绿色的壳皮,顶部壳皮常脱落而呈白色。

贝壳内面呈白色,壳顶下面有与壳面斜沟相应的隆起。左壳上具有 3 个主齿,中央一个较大,末端两分叉。右壳上具有两个斜状主齿,一前一后。靠近背部前端有近三角形的前闭肌痕。在该闭壳肌痕稍后,有伸足肌痕和前收足肌痕。

在后端有三角形的后闭壳肌痕,在该肌痕的前端为相连的小形后收足肌痕。外套痕明显,呈 Y 形,前接前闭壳肌痕,后接后闭壳肌痕,在水管附着肌的后方为 U 形弯曲的外套窦。在腹缘的是外套膜腹缘附着肌痕,在前缘的为外套膜边缘触手附着肌痕。此外,尚有背部附着肌痕。

2. 足

缢蛏的足伸展在壳的前端,被具有触手的外套膜包围。自然状态下缢蛏足的形状,从侧面观似斧状,末端正面形成一个椭圆形蹠面。

3. 水管

缢蛏的水管有 2 个,靠近背侧者为出水管,又是泄殖出口;靠近腹侧者为进水管,是海水进入体内的通道。在自然状态下,水管和足都伸展到贝壳的外面。进水管比出水管粗而长。在进水管末端有 3 环触手,最外一环和最内一环触手相对排列共 8 对,其形大而较长,中间一环触手短而细小,数目较多。出水管触手只有 1 环,在出水孔的外侧边缘,数目为 15 条或 15 条以上。水管壁的内侧有 8 列较粗的皱褶,自水管的末端至水管基部,呈平行排列。水管对刺激的反应极为灵敏,对外界环境具有高度感觉的功能。

4. 外套膜

除去贝壳,可见一极薄的乳白色半透明膜,包围整个缢蛏软体,为外套膜。左、右两片外套膜合抱形成外套腔。在前端左、右外套膜之间有一半圆形开口,是足向外伸缩的出入孔。在此处着生无数长短不一的触手,沿着外套膜边缘排列。在外套膜的后端肌肉发达,分化延长成 2 个水管。外套膜腹缘左右相连围成管状。

(二)内部构造

1. 消化系统

缢蛏的消化系统包括消化管和消化腺。消化管极长,共分为唇瓣、口、食道、胃、胃盲囊、肠和肛门等部分。消化系统的器官主要起消化吸收的作用。

唇瓣位于外套腔前端,前闭壳肌的下面,足基部的背面两侧。左、右各有一外唇瓣和一内唇瓣,共 4 片。两内唇瓣接触面和外唇瓣的外侧表面均无显著皱褶。

口位于唇瓣的基部,为一小的裂口。紧接着口是一短的食道通向囊形的胃。胃内有角质的胃楯,从胃通出一长囊,称胃盲囊(晶杆囊),囊中有一条透明胶状的棒状物称晶杆。晶杆较粗的一端裸露于胃中,借助胃楯而附于胃壁上,另一端即延伸到足基背部。

包围在胃的两侧是棕褐色的消化腺(肝胰脏),消化腺有消化腺管通入胃中。

在胃后接着便是肠。肠近胃的部分较粗大,后段逐渐变细,经过 4～5 道弯曲后,沿着胃盲囊的右侧向后又转向背前方延伸,至胃盲囊和胃交界处的背面,又一次曲折,入直肠,向后通过围心腔,穿过心室向后闭壳肌背面伸延,末端开口即为肛门。肛门和鳃上腔相通,废物即由鳃上腔经出水管排出体外。

2. 肌肉系统

在背面的肌束,从前往后排列顺次为前闭壳肌、前伸足肌、前收足肌、背部附着肌、后收足肌、后闭壳肌。在外套的腹缘有外套膜腹缘附着肌及外套膜前缘触手附着肌,水管的基部还有水管附着肌。

3. 呼吸系统

鳃是主要的呼吸器官,左、右各两瓣,狭长,位于外套腔中,基部系于内脏团两侧和围心腔腹部两侧。鳃是由无数鳃丝所组成,其内分布很多微血管,表面有很多纤毛。

4. 循环系统

心脏具有 1 心室、2 心耳。心室位于围心腔中央,由 4 束放射状肌肉支持着,心室中央被直肠穿过。心耳和心室之间有半月形薄膜构成的活瓣,左、右各 1 对。缢蛏的血液循环是开放式的。血液从心室前、后大动脉流到体前后的各组织中。

5. 排泄系统

在围心腔腹侧左右有呈圆管状淡黄色的肾管。一端开口于围心腔,另一端开口在内脏团两侧的鳃上腔中,废物即由鳃上腔经水管排出体外。

6. 生殖系统

缢蛏是雌雄异体,生殖腺位于足上部内脏块中,肠的周围。性腺成熟时雌性稍带黄色,雄性则为乳白色。生殖管开口(生殖孔)于肾孔附近,极小,在生殖季节较明显易见。

7. 神经系统

缢蛏神经系统较不发达,没有一个集中的神经中枢,只有脑、足、脏神经节,均呈淡黄色。各神经节均有神经伸出。神经节间有相互联系的神经连合或神经连索。由各神经节向身体各部器官分布出各种神经。

五、作业

绘制缢蛏的内部结构图。

六、实验附图

见图 1-1-4-1、图 1-1-4-2。

图 1-1-4-1　缢蛏外形图

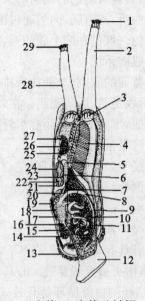

1. 入水管触手;2. 入水管;3. 水管壁皱褶;4. 鳃;5. 肾管;6. 心耳;7. 通入鳃上腔的肾管孔;8. 晶杆体;9. 胃盲囊(晶杆囊)10. 生殖腺;11. 肠;12. 足;13. 前外套触手;14. 前闭壳肌;15. 口;16. 食道;17. 消化腺;18. 胃;19. 韧带;20. 生殖孔(开口于肾管孔附近);21. 围心腔;22. 穿过心脏的直肠;23. 通入围心腔的肾管孔;24. 心室;25. 后收足肌;26. 后闭壳肌;27. 肛门;28. 出水管;29. 出水管触手

图 1-1-4-2　缢蛏的内部结构图(仿潘星光,简化)

实验五　金乌贼的形态观察及解剖

一、目的要求

本实验以金乌贼为头足纲的代表动物,研究它的外部形态和内部构造,借以了解头足类的一般特征和形态结构,了解与其他贝类在形态结构上的区分。

二、实验材料

新鲜或浸制的金乌贼 *Sepia esculenta* Hoyle 标本。金乌贼属于:

软体动物门 Molluson
　头足纲 Cephalopoda
　　二鳃亚纲 Dibranohia
　　　十腕目 Decapoda
　　　　乌贼科 Sepiacea

三、仪器用具

解剖镜、扩大镜、解剖器、解剖盘、大头针等。

四、实验内容及方法

(一)外部形态

将乌贼标本放入解剖盘内,加入少许自来水,仔细观察。乌贼的身体分为头部、胴部和足部三部分。

1. 头部

头部发达,呈圆筒状,头部两侧各有 1 个十分发达的眼睛,在眼的后方有嗅觉窝。头的顶部有口,口周围有口膜,口膜分 7 叶,无吸盘,雌体腹面的两叶肥大,形成纳精囊。

2. 足部

足部包括腕及漏斗两部分。腕 10 只,其中 8 只为普通腕,自基部向顶端渐细,全腕均有吸盘。另外 2 只为很长的触腕,触腕柄细长,末端呈半月形,称为触腕穗,约为全腕长度的 1/5。仅触腕穗上具有吸盘,小而密、10～12 列,大小相近。除触腕外,各腕的长度相近,腕式一般为 4＞1＞3＞2,吸盘 4 行。各腕吸盘大小相近,其角质环外缘具不规则的钝形小齿。成熟雄性左第 4 腕茎化,部分吸盘退化,称茎化腕或生殖腕。

漏斗位于头之后颈部腹面,为左、右两侧片愈合而成的管子,前端游离,称为水管,是排泄生殖产物、呼吸的海水、粪便和墨汁的出口,也是主要的运动器官,外套腔的海水由此喷出。

3. 胴体

胴体,即外套膜,盾形。雄性胴背具有较粗的横条斑,间杂有致密的细点斑,雌性胴背的横条斑不明显,或仅偏向两侧,或仅具致密的细点斑。背部黄色色素比较明显。肉鳍较宽,位于胴部两侧,全缘,在后端分离。内壳长圆形,腹面横纹面略呈单峰型,峰略尖,中央有 1 纵沟;背面有 3 列不明显的颗粒状隆起,3 条纵肋较平且不明显;外圆锥后端附近有塌陷的现象,呈 U 形;壳末端具粗壮骨针。

(二)内部构造

用剪刀自腹面中线剪开,观察下列各内部构造。

1. 呼吸系统

呼吸系统有鳃 1 对,位于外套膜两侧,呈羽状,由两列薄膜组成。鳃上有两条较大的血管,一条为入鳃血管,一条为出鳃血管。

2. 生殖系统

乌贼为雌雄异体,两性异色,打开外套膜后即可根据不同的构造加以区分雌雄。

(1)雌性:卵巢 1 个,位于身体后端,内有米粒状的乌鱼卵。缠卵腺 1 对,位于前方的白色腺体(加工制品为乌贼、鱼蛋);副缠卵腺 1 对,位于缠卵腺的前方。输卵管 1 条,由卵巢通向体左侧,末端为生殖孔,开口于肛门侧后方。

(2)雄性:用剪刀剪去体腔腺,移去墨囊后可见到精巢 1 个(位置与卵巢相同),用尖镊子将外面的薄膜轻轻除去,将其他各部分仔细分离,可看见:①输精管 1 条,于精巢相接的弯曲小管。②贮精囊 1 个,与输精管相接,较输精管稍膨大部分。③摄护腺,位于贮精囊之旁,并与贮精囊相通。④精夹囊,1 个膨大的囊,前接贮精囊,后通射精管。⑤射精管,精夹囊通出的管,其末端为雄性生殖器。

3. 排泄系统

排泄系统有肾脏 1 对,为白色囊状物,位于两鳃基部中间,排泄孔(肾孔)开口于直肠两侧。

4. 循环系统

乌贼的循环系统为闭管式。

(1)心脏:位于中央圆心腔中,由一个心室及两个心耳构成。

(2)动脉:前后大动脉由心脏出发。

(3)静脉:主要的静脉为前大静脉,经肾脏分出左右入鳃,腹静脉位两侧,各一条,通鳃心。

5.消化系统

(1)口:包围于腕的中间,口球内有乌状的颚2枚(下颚大于上颚)

(2)唇:围于口周,可分为外唇、内唇,外唇较薄而有皱纹,内唇位于外唇之内,具有乳状突起。

(3)口腔:内有齿舌,角质。

(4)食道:为细长的管,下通胃。

(5)胃:具较膨大后壁的囊,下接盲囊。

(6)盲囊(肠):在胃与肠之间,薄壁弯曲的囊。

(7)肠:前接盲囊,后通肛门。

(8)消化腺:唾液腺1对,位于肝脏之前,食道两侧的小型腺体。肝脏1对,位于食道两侧,唾液腺之后,黄褐色的大型腺体。胰脏位于肝脏的后方,胃及盲囊之上的葡萄状的腺体。具短管与胆管相通。

6.墨囊腺

墨囊腺位于胃的腹面,墨囊管末端开口肛门附近。

7.神经系统

乌贼的神经系统较为复杂,包括中枢神经和外周神经两部分。

(1)中枢神经在咽头之下、食道周围的软骨脑箱中,有下列3对神经:①脑神经节,在食道背面,通出神经,末端接视神经节。②足神经节,在食道腹面,由此通出神经至10个腕及漏斗。③脏神经节,在食道腹面,足神经节后,由脏神经节后方通出一对神经到各内脏器官上。

(2)周围神经:由脏神经节发出,分布于外套及胃上。外套神经节1对,呈墨状,在外套膜的内壁上。胃神经节在胃壁上。

五、作业

(1)绘金乌贼的整体腹面观和内部结构图。

(2)绘金乌贼的生殖系统和消化系统图。

六、实验附图

见图1-1-5-1至图1-1-5-5。

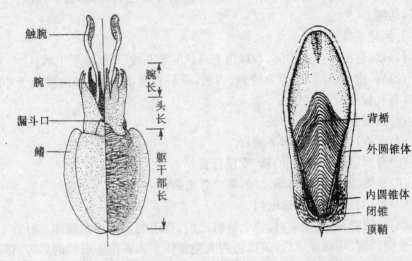

图 1-1-5-1　金乌贼外形图(右背面观,左腹面观;仿张玺等)　　**图 1-1-5-2　海螵鞘**

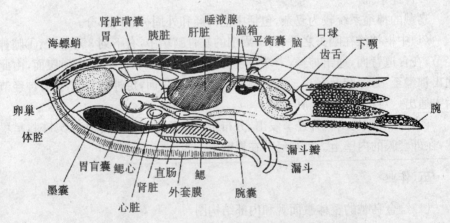

图 1-1-5-3　金乌贼的内部结构图(仿 Lane)

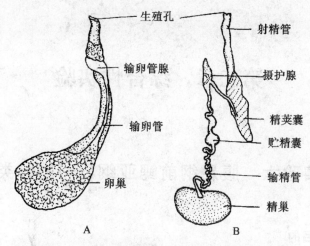

图 1-1-5-4　A 雌性生殖系统；B 为雄性生殖系统（仿池田）

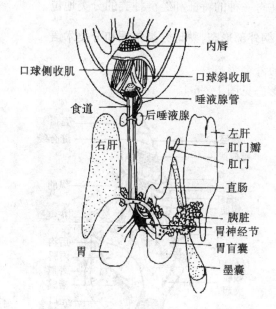

图 1-1-5-5　金乌贼消化系统（仿张彦衡,稍改）

第二章 综合性实验

实验六 腹足纲前鳃亚纲(一)的分类

一、实验目的

通过学习腹足纲的分类,初步掌握其分类方法,熟记分类术语,认识常见经济种类。要求记住每一种的特征和经济种类的分类地位。

二、观察腹足纲外部形态,熟记分类依据和分类术语

(一)腹足纲的外部形态

腹足纲外部形态见图 1-2-6-1。

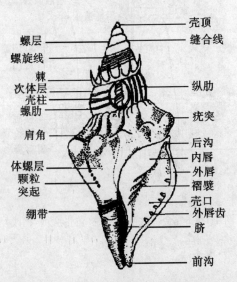

图 1-2-6-1 腹足纲贝壳各部分名称模式图

（二）分类的主要依据和术语

1. 神经系统

（1）侧脏神经是否交叉成8字形，是亚纲分类的主要根据之一。例如，前鳃亚纲侧脏神经连索交叉成8字形；后鳃亚纲和肺螺亚纲侧脏神经连索不交叉成8字形。

（2）神经系统是否集中是分目的根据之一。如前鳃亚纲：原始腹足目不集中；中腹足目较集中；新腹足目很集中。

2. 鳃

（1）位置：鳃位于心室前方或后方是分亚纲的根据之一。前鳃类鳃位于心室前方，后鳃类鳃在心室的后方。

（2）本鳃和次生鳃：本鳃是在发生过程中最初出现的，而在成体仍被保留的鳃；次生鳃又叫二次性鳃，是后生的，可能有这样几种情况：①原来水生，用本鳃呼吸，后来主要陆生，本鳃消失，改用肺呼吸，最后因复归于水中生活而重新生出鳃，该鳃为次生鳃（如菊花螺、锥实螺）；②在发生过程中，由于扭转反扭转的关系，不仅一侧器官有退化的可能，而且另一侧的器官也很可能有退化的现象，鳃就在这个扭转反扭转的过程中消失了，而在另外地方重新生出鳃来，该鳃就是次生鳃。

（3）楯鳃与栉鳃：在鳃的结构上是楯状还是栉状也常用于分类，如原始腹足目鳃楯状（羽状），中腹足目、狭舌目为栉状（一侧分支，列生鳃叶）。

此外，呼吸用鳃还是肺是分亚纲的主要依据。前鳃、后鳃两亚纲都是用鳃呼吸，肺螺亚纲用肺进行呼吸。

3. 颚片与齿舌（咀嚼片）

（1）颚片：位于腹足类口腔里面，几丁质颚片的变化、有无、数量等经常用于分类。例如，前鳃类和后鳃类，颚片左右成对（玉螺的颚片有愈合趋势，前鳃类虫戚科只有一个颚片）；肺螺类只有一个颚片；所有肉食性种类常常缺少颚片。

（2）齿舌：位于口腔底部，呈带状，是由许多分离的角质齿轮固定在一个基膜上构成。它生自齿舌囊（齿舌鞘或称腹盲囊）。

齿舌的形态与数量因种类不同而异，但同种是比较固定的，如帽贝超科齿舌由柱状齿片构成（所以又叫柱舌亚目），而马蹄螺超科、对鳃超科等侧齿、缘齿特别多，排列成扇状（所以过去也称为扇舌亚目）。

原始腹足目侧齿、缘齿特别多，中腹足目一般有7个齿，新腹足目3个或2个。齿舌变化的规律一般是：①具大型的齿，总数一定较少；具小型的齿，一般数目较多。②肉食性种类，齿片较少，但强而有力，前端有沟刺，有时还有毒腺；草食性种类，齿片小而数目较多，圆形或先端较钝，有时细而狭长。

（3）齿式：为了分类上的方便，一般采用数字和符号代表它们的齿舌，如皱纹盘鲍的齿式用 $\dfrac{\infty \cdot 5 \cdot 1 \cdot 1 \cdot 1 \cdot 5 \cdot \infty}{108}$ 或 $\infty \cdot 5 \cdot 1 \cdot 1 \cdot 1 \cdot 5 \cdot \infty \times 108$ 的符号表示。

表 1-2-6-1　几种腹足类的齿舌

种类	齿式	齿舌带总行数	齿舌带长度（mm）
皱纹盘鲍	$\infty \cdot 5 \cdot 1 \cdot 1 \cdot 1 \cdot 5 \cdot \infty$	108	50
斑玉螺	$2 \cdot 1 \cdot 1 \cdot 1 \cdot 2$	70～80	15
红螺	$1 \cdot 1 \cdot 1$	130	15

4.贝壳

通常具有一个贝壳（但双壳螺有两个），裸鳃类成体无壳。有贝壳的种类一般为外壳，少数为内壳。典型贝壳具有下列构造：

（1）螺旋部：是内脏块盘曲的地方，又可分为许多螺层。

（2）体螺层：是贝壳最后的一层，是容纳头部和足部的地方。

（3）螺层与缝合线：贝壳每旋转一周，成为一个螺层；两螺层之间相连接处成为缝合线。

螺层的数目、形态（花纹、棘、肋、疣状突等）以及缝合线的深浅常随种类而不同。计算螺层的数目，通常以壳口向下，从背面向下数缝合线的数目，然后加1即是。

（4）壳顶：螺旋部最上面的一层称为壳顶，是动物最早的胚壳。有的尖，有的呈乳头状，有的种类常常磨损（如无顶螺）。

（5）螺轴：贝壳旋转的中轴。

（6）壳口：体螺层的开口称为壳口。在分类上经常可以看到壳口不完全和壳口完全两个术语：①壳口不完全，即壳口有缺刻或沟。肉食性种类多半属于这个类型。在"前"部的沟称前沟，在后部的沟称后沟。②壳口完全是指那些壳口大体上圆滑而无缺刻或沟。草食性种类大都属于这个类型。

（7）内、外唇：壳口内面即靠近螺轴的一侧为内唇，内唇相对的一侧称为外唇。外唇光滑或具齿。

（8）脐或假脐：螺轴旋转时，在基部留下的小窝，称为脐。脐的大小深浅常随种类而不同，也有的种类脐被内唇的边缘所掩盖。假脐就是由于内唇向外蜷曲在基部形成的小窝（如红螺）。

（9）左旋、右旋：贝壳顺时针旋转的称为右旋；反时针旋转的称为左旋。大多数腹足类是右旋的，如红螺、玉螺、梯螺等。左旋的种类很少，如膀胱螺科和烟管螺科。

贝壳左、右旋确定方法:拿起贝壳,壳顶朝上,壳口对着观察者,看看壳口是开在螺轴的哪一侧。若壳口在螺轴的右侧,则为右旋;反之,则为左旋。

(10)贝壳方位的确定:将壳口向下,壳顶朝着观察者,这样,壳口的一端为前,壳顶的一端为后。位于左面的一边为左,右面的一边为右。

(11)壳的高度与宽度:由壳顶至基部的距离为高度,贝壳体螺层左右两侧最大的距离为宽度。

(12)贝壳作为分类的依据主要有以下几方面:①贝壳的旋转方向;②螺层的数目、形态(花纹、棘、肋、疣状突起等)以及缝合线的深浅;③壳口的形状(壳口完全或壳口不完全,有无前后沟,内外唇光滑与否);④脐的有无、大小、深浅;⑤肩角是否明显。

5.足

腹足类的足,通常位于身体的腹面,踱面特别宽广,适于爬行,但由于种类不同,而产生种种变化。

前足、后足:有的种类(特别是砂、泥滩种类)足的前部特别发达,呈犁头状,将旅途中的泥沙分向两侧,有利与爬行,这种足称为前足。有的种类足的后部也向背后方延伸,并与其他部分分开,称后足(如玉螺)

侧足:有些种类(如泥螺、海兔)足的两侧特别发达,形成侧足。侧足可向背部蜷曲,与外套膜接合。在翼足类中,侧足变成游泳器官。

上足:上足是足部上端扩张而形成的褶皱物,如鲍和马蹄螺科的一些种类,都有上足。

其他:营附着生活的一些种类,足多少形成吸盘状;营固着生活的一些种类,足部退化(如蛇螺)。

6.厣

厣是腹足类特有的保护器官。他是足部分泌的一种角质或石灰质的物质形成的。

(1)形状:一般近圆形,但也有很狭小的。在厣的上面生有生长纹,生长纹有一核心部。核的位置有的接近中央,有的偏向一方。

(2)成分:①角质,占多数,如田螺;②石灰质,如蝶螺;③内面为角质,外面为石灰质,如玉螺。

(3)有无:前鳃类成体一般有厣,但也有无厣,如鲍、鹑螺、宝贝等

7.眼和触角:腹足类头部通常有眼1对,触角1对或2对,有两对触角的种类,眼常位于后触角顶端。有一对触角的种类,眼的位置可以在基部、中部或顶部。肺螺类就是根据眼的位置分为柄眼和基眼两类。

三、实验材料

前鳃亚纲原始腹足目。

1. 鲍科

贝壳很小,呈耳状,螺旋部退化,螺层少,体螺层及壳口粗大,其末端边缘具一列小孔。贝壳具珍珠光泽,鳃1对,左侧鳃较小,无厣,齿式:$\infty \cdot 5 \cdot 1 \cdot 1 \cdot 5 \cdot \infty \times 108$。本科的代表种类如下。

(1) 皱纹盘鲍 *Haliotis discus hannai* Ino:贝壳大,坚实,椭圆形。螺层约3层。体螺层大,几乎占贝壳的全部,其上有1列突起和4~5个开孔组成的旋转螺肋。壳面被这列突起的小孔分成左右2部分,左部狭长且较平滑,右部宽大,粗糙,有多数瘤状或波状隆起。壳表面呈深绿色,生长纹明显。贝壳内面银白色。壳口卵圆形。外唇薄,内唇厚。营匍匐生活,栖息在低潮区至数十米深的岩石质海底,产于我国北部沿海,为海产八珍之一。贝壳亦称石决明,供药用,或做贝雕的原料。是增养殖的重要贝类之一。见图1-2-6-2。

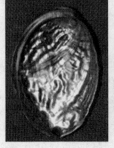

图 1-2-6-2　皱纹盘鲍

(2) 杂色鲍 *Haliotis diversicolor* Reeve:贝壳坚厚呈耳状。螺旋部小,体螺层极大。壳面的左侧有1列突起,约20个,前面的7~9个有开口,其余皆闭塞。壳表面绿褐色,生长纹细密。生长纹与放射肋交错使壳面呈布纹状。贝壳内面银白色,具珍珠光泽。壳口大,外唇薄。内唇向内形成片状遮缘。无厣,足发达。暖水种,分布在我国东、南沿海,是增养殖种类。见图1-2-6-3。

图 1-2-6-3　杂色鲍

(3) 耳鲍 *Haliotis asinina* Linnaeus:贝壳狭长呈耳状。螺层约3层。螺旋

部很小,体螺层大,与壳口相应,整个贝壳扭曲成耳状。在壳面左侧具1条螺肋,由1列约20个排列整齐的突起组成,其中5~7个突起有开口。肋的左侧至贝壳的边缘具4~5条肋纹。生长纹细密,壳面为绿褐色、黄褐色,布有紫色、褐色、暗绿色等斑纹。壳内面银白色,具珍珠光泽,暖水种,分布于我国南海。见图1-2-6-4。

图 1-2-6-4 耳鲍

(4)羊鲍 *Haliotis ovina* Gmelin:贝壳卵圆形,短而宽,粗糙不平。螺层4层,螺旋部较宽大,壳顶钝,略低于壳的最高点。体螺层大,壳面被1条带有突起和4~6个开孔组成的螺肋将壳面分成左右两部分。壳面呈红褐色、棕灰色、灰绿色等,夹有黄白色的斑带,并具瘤状的纵肋及肋纹。壳内面银白色,壳口宽大,外唇薄,内唇厚。暖水性种类,分布于我国南海。见图1-2-6-5。

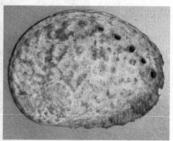

图 1-2-6-5 羊鲍

2.钥孔蝛科

贝壳扁平或圆锥形,贝壳和外套膜的顶端或前缘有孔或裂缝。鳃和肾各一对,左右对称,无厣。本科的代表种类如下。

(1)鼠眼孔蝛 *Diodora mus*(Reeve):贝壳小,呈长椭圆形,坚实。前缘略窄于后缘,壳顶高而突起,顶端穿孔呈卵圆形,致使贝壳呈漏斗状。壳表面多数整齐而明显的放射肋,并与生长环肋交错成方格状。壳内面灰白色,略有光泽。壳缘有细小的锯齿缺刻。在潮下带水深约10 m的海底岩石上生活,分布于我国南海。见图 1-2-6-6。

图 1-2-6-6 鼠眼孔蝛

(2)中华楯蝛 *Scutus sinensis*(Blainville)：贝壳结实呈鸭嘴形，前窄、后宽且较低平。壳顶钝，向后方微弯曲，位于体后部约在壳长的 2/5 处。贝壳前部略窄而高，前缘中部具一近三角形的缺刻。壳表面粗糙呈波纹隆起，生长纹细，放射肋也弱，贝壳颜色为灰白色。壳内面白色具光泽，顶部薄略透光。栖息于潮间带岩礁间，分布于我国南海。见图 1-2-6-7。

图 1-2-6-7 中华楯蝛

3. **帽贝科(蝛科)**

贝壳和内脏囊为钝圆锥形，无螺旋部，厣缺乏，眼为开放式，无晶状体。齿舌带长，齿式一般为 3·1·(2·0·2)·1·3。心脏只有 1 个心耳。直肠不穿过心脏和围心腔。无本鳃，有环状外套膜，介于外套膜和足之间。本科的代表种类如下。

(1)龟甲蝛 *Cellana testudinaria*(Linnaeus)：贝壳较大，呈卵圆笠形，低平，周缘完整，壳质薄而结实。壳顶位置稍近前方，常被磨损。壳前部比后部略窄而平。自壳顶向四周射出隐约可辨的放射肋。壳口黄绿色或褐色,并有红褐色或绿色的色带或斑纹。壳内面银白色,具光泽,四周有 1 黑褐色镶边。暖水性种类,广东沿海、海南岛均产。见图 1-2-6-8。

图 1-2-6-8 龟甲蝛

（2）嫁蝛 *Cellatoreuma*(Reere)：贝壳呈长笠形,低平,前部比后部略窄。壳质较薄,半透明。壳顶近前方,略向前方弯曲。壳表面具有细密明显的放射肋,生长纹不明显,壳面颜色通常为锈灰色,并有不规则的紫色斑纹。壳内面为银灰色。壳口周缘具细小的齿状缺刻。南方的个体比北方的个体大而略平。足和外套膜之间有环形的外套鳃。生活在高潮线附近的岩石上,肉可供食用,是我国南北沿海习见种。见图 1-2-6-9。

（3）星状帽贝 *Patella stellaeformis*(Reeve)：贝壳呈卵圆笠形,低平而结实。放射肋突出于壳缘,致使壳的周缘呈不规则的爪状。壳顶位于中央而略偏向前方,壳面粗糙,除了有 8～9 条粗状的放射肋外,还具明显的放射肋多条,生长纹明显。壳表面褐色,夹有紫色斑点和色带。壳内白色具光泽,周缘有与壳表面放射肋相应的深凹陷。生活在潮间带岩礁上,分布于我国的南海。见图 1-2-6-10。

图 1-2-6-9 嫁蝛　　　　　　　　　图 1-2-6-10 星状帽贝

4. 笠贝科（青螺科）

贝壳和内脏囊为钝圆锥形，无螺旋部，厣缺乏，眼为开放式，无晶状体。齿舌带长，齿式一般为 3·1·(2·0·2)·1·3。心脏只有 1 个心耳。直肠不穿过心脏和围心腔。有楯状的本鳃，一般无外套鳃。代表种类如下。

(1) 史氏背尖贝 *Notoacmea schrencki* (Lischke)：贝壳笠状，壳质较薄，半透明。壳顶位于前方，尖端略低于壳的高度，壳的前部略窄而低，放射肋细而密，肋上具多数小突起，致使放射肋呈串珠状。壳面绿褐色或绿灰色，并有许多褐色云斑，或褐色的放射色带。壳内面青灰色或蓝色，周围有棕色的镶边。无外套鳃，本鳃大而明显。见于高潮线附近的岩石上，我国沿海广泛分布。见图 1-2-6-11。

(2) 背肋拟帽贝 *Patelloida dorsuosa* (Gould)：贝壳呈笠状，周缘卵圆形。壳质坚厚。壳顶位于前方，高起。壳前部窄，后部宽，贝壳表面具明显的放射肋，肋间常有细肋。壳表面常被腐蚀，呈白色，壳内面乳白色，有光泽，边缘有 1 圈窄的洁白色镶边，壳缘有齿状缺刻。栖息于潮间带岩礁间，见于山东以北沿海。见图 1-2-6-12。

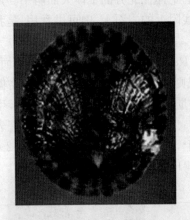

图 1-2-6-11　史氏背尖贝　　　　图 1-2-6-12　背肋拟帽贝

5. 马蹄螺科

贝壳形态多变，有圆锥形、球形、塔形，壳口完全，呈四角形，珍珠层厚，厣圆形，角质，多旋，核位于中央，齿式多为 ∞·5·1·5·∞，代表种类如下。

(1) 大马蹄螺 *Trochus niloticus maximus*：俗名"公螺"，壳大而坚厚，呈圆锥形，壳顶尖，螺旋部大。每一螺层的上半部有 3～4 条螺肋，螺肋由多数粒状突起连成，螺层下半部靠近缝合线的上方具一列粗大的瘤状突起。生长纹清楚。壳色灰白,具粉红和紫红色火焰状花纹。壳表面被有1层黄褐色的壳皮,壳低平,壳口斜,外唇简单,内唇厚,扭曲成S形。靥角质。暖水性种类,分布于我国海南岛、西沙群岛。见图1-2-6-13。

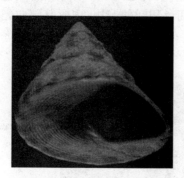 

图 1-2-6-13　人马蹄螺

　　(2)塔形马蹄螺 *Trochus* (*Tectus*) *pyramis* Born:俗名白面螺。贝壳呈尖锥状。缝合线浅。螺层约12层。壳顶尖。螺旋部高。体螺层不十分膨大。每层具4条由粒状突起组成的螺肋,其中在缝合线上方的一条突起特别发达,但颗粒较稀少。壳面青灰或黄灰色,具紫色或绿色斑纹。贝壳底部平,灰白色,密布以壳轴为中心的螺旋纹。外唇薄,内唇厚。靥角质。暖水种,产于我国南海。见图1-2-6-14。

　　(3)美丽项链螺 *Monilea calliferus* (Lamarck):贝壳低矮,近球形、缝合线沟状。螺层约7层,壳顶低,体螺层稍大,壳面略膨圆,密布粗细不太均匀的螺肋,肋上约略可见许多半圆状小结节。壳面淡黄褐色,有紫褐色火焰状花纹及斑点。贝壳底部色彩较深,纹脉较细。壳内面具珍珠光泽。外唇简单,内唇短厚,呈S型,前端具一结节状齿。脐孔大而深。分布于我国南海,生活于低潮线下沙质海底。见图1-2-6-15。

图 1-2-6-14　塔形马蹄螺　　　　图 1-2-6-15　美丽项链螺

(4)锈凹螺 *Chlorostomum rusticum*：贝壳坚厚，略呈等边三角形。螺层约6层，缝合线浅，壳面布满细密的螺肋和粗大的向右倾斜的放射肋。放射肋与细密的生长纹交叉成十字形。壳面深褐色，具铁锈色斑纹。壳口斜，内面灰白色，具珍珠光泽。外唇薄，简单，具一黄褐两色相间的镶边；内唇基部向壳口伸出1～2个白色齿。脐孔大而深，厣角质。我国习见种，肉可食用。见图1-2-6-16。

图 1-2-6-16　锈凹螺

(5)单齿螺 *Monodonta labio* (Linnaeus)：贝壳呈陀螺状，螺层约6层，每一螺层具带状螺肋5～6条，体螺层为15～17条，这些螺肋均由长方形的小突起连接而成。壳表面暗绿色，具白色、绿褐色、黄褐色等色斑。壳口略呈心脏形，外唇简单。外缘薄。内缘肥厚。其边缘形成肋形的齿列，为我国南北沿海分布最广的贝类之一。见图1-2-6-17。

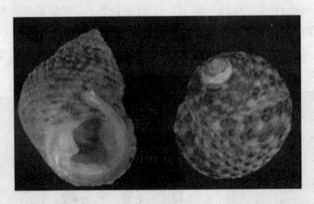

图 1-2-6-17　单齿螺

(6)托氏昌螺 *Umbonium thomasi* (Crosse)：贝壳结实，圆锥形。螺层7层。自壳顶至体螺层侧面观形成一平整的斜面。壳面光滑，具光泽，缝合线浅。壳面常为淡灰色或粉紫红色,具紫色波状或右旋火焰状花纹。壳口近四方形、外唇简单,内唇厚而倾斜,且具小结节。壳口内具珍珠光泽,壳顶平。脐孔被一白色光滑的胼胝体掩盖,厣角质。为潮间带沙滩上习见种,广布于我国江苏、山东沿海。见图1-2-6-18。

图1-2-6-18　托氏昌螺

(7)银口凹螺 *Chlorostoma argyrostoma*(Gmelin):贝壳坚厚,近似球形或陀螺形,螺层6层,自壳顶向下3层小而低,再下面3层宽度剧增。缝合线浅而明显,生长纹细密波纹状。顶部3层具极细弱的螺旋纹,其余螺层表面均具有与生长纹相交错的纵肋。壳面灰黑色。壳口大,近四方形,内具珍珠光泽。外唇外缘具一黑灰色的镶边,内唇下部厚,具弱的齿突,脐孔周缘呈翠绿色,厣角质。暖水性种,分布于我国东南沿海。见图1-2-6-19。

图1-2-6-19　银口凹螺

(8)镶边海豚螺 *Angaria laciniata*(Lamarck):贝壳结实,中等大,螺层5层,壳顶平,螺旋部各层上部平,形成90°的肩角,故使整个螺面呈阶梯形。肩角处具右旋向外突出的管状强棘。体螺层膨大,壳表面粗糙,具有强弱不等的管状棘,并与螺肋相随而排成略规则的行列。棘部常呈紫黑色。壳口不完全。唇周缘向外扩展,卷成钩状棘,厣角质。暖水种,分布于我国广东、海南岛。见图1-2-6-20。

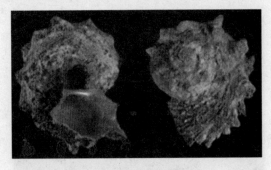

图 1-2-6-20　镶边海豚螺

6.蝾螺科

贝壳坚硬,螺旋部短,体螺层膨大,壳口完整,圆形,无脐或具极窄的脐孔,厣石灰质,圆形,外表面突出。齿式为∞·5·1·5·∞,中央齿有变化,海产。其代表种如下。

(1)朝鲜花冠小月螺 *Lunella coronata coreensis*:贝壳坚固近球形,螺层约5层。壳顶低而常被磨损。壳表面为深灰绿色或棕色,密布多数由小颗粒连成的螺肋,在缝合线下方的螺肋颗粒较发达。体螺层较膨胀,其中部的螺肋发达向外扩张,使体螺层形成一个肩部。表被有带茸毛的褐色外皮。壳口大,外唇较薄。内唇紧贴于壳轴上。前沟较长。厣角质。分布于我国东、南沿海。肉可供食用。见图1-2-6-21。

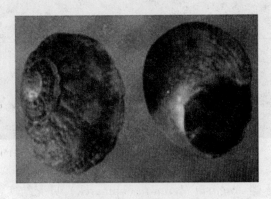

图 1-2-6-21　朝鲜花冠小月螺

(2)蝾螺 *Turbo cornutus* Solander:贝壳略大,结实,螺旋形。螺层 6 层左右,壳顶较高。体螺层上具有 2 列强大的棘,每列 10 个左右,也有些个体无棘。壳表面灰青色,具有发达的螺肋,生长纹粗,呈鳞状。壳口大,圆形,具珍珠光泽,外唇简单,有时具管状短沟棘;内唇厚,基部扩展。无脐,厣石灰质。分布于我国浙江以南沿海,肉可供食用。见图 1-2-6-22。

图 1-2-6-22　蝾螺

(3)夜光蝾螺 *Turbo marmoratus* (Linnaeus):贝壳大型,重厚且坚实。螺层约 7 层,螺旋部呈锥形。体螺层膨大,上具 3 条间隔相等的螺肋,肋上有结节。生长纹粗糙。壳表面绿色,夹有褐色、白色或红色相间的带状环纹数条,壳顶常明翠绿色斑纹,壳口大而圆,内具珍珠光泽。外唇上部形成一短的浅沟;内唇下部卷转形成耳状的扩张面。无脐,厣大,石灰质。分布于我国台湾、海南,属暖水种。见图 1-2-6-23。

图 1-2-6-23　夜光蝾螺

(4)金口嵘螺 *Trubo chvysostomus* Linaeus:贝壳重厚,结实,中等大小。螺层约 6 层,缝合线浅、壳面密布螺肋,螺层被中部的 1 条角状突起的肋分为上下两部;上部是一略为倾斜肩部,下部是一垂直面。体螺层肋上的角状突起尤为发达。生长纹细密。将肋面和肋间分裂覆瓦状鳞片。壳面橙黄色,具紫色放射色带,壳口圆,内面金黄色。外唇有缺刻;内唇向下方扩张。厣为石灰质。暖水种,产于我国台湾及海南。见图 1-2-6-24。

(5)红底星螺 *Astraea haematraga*(Menke):贝壳结实,锥形。螺层 6 层。各螺层的宽度渐次均匀增加、缝合线浅,在每一螺层的下缘近缝合线处具 1 列角刺形突起。在体螺层上的角刺有 12～14 个。壳表面灰白色,或略带紫红色,并具不甚明显的颗粒组成的纵肋。壳底略平,淡紫红色,具细鳞片组成的同心螺肋,壳口卵圆形,内具珍珠光泽,外缘淡紫红色。无脐。厣为石灰质。分布于我国南海沿岸。见图 1-2-6-25。

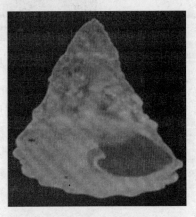

图 1-2-6-24　金口嵘螺　　　　　　　　　图 1-2-6-25　红底星螺

7.蜒螺科

贝壳低,螺层数小,螺旋部短,体螺层大,壳口半圆形。内唇扩张,边缘光滑或具齿,石灰质,内有突起物。无脐孔,鳃一个,齿式为∞·1·(3·1·3)·1·∞。代表种如下。

(1)渔舟蜒螺 *Neritidae*:贝壳结实,卵圆,无珍珠层,螺旋部低而平,体螺层大,占贝壳全部。生长纹明显而粗糙。壳表面多为青灰色底,具黑色斑纹或色带,壳口内面白色。内唇伸延扩展,与外唇相连形成一宽板面。壳表面具多数大小不等的颗粒突起,中央凹陷部通常有 3 板小齿;外唇外缘有黑白相间的镶边。壳内面加厚,具粒状齿列。厣长卵形。暖水种,为我国东南沿海习见种类。见图 1-2-6-26。

图 1-2-6-26　渔舟蜒螺

　　(2)齿纹蜒螺 *Nerita*(*Ritena*)*yoldi* Reeluz：壳较小，近半球形，白色或黄色具黑色的花纹或云状斑。螺层约 4 层。螺旋部小。体螺层膨大几乎占贝壳的全部。壳面有低平的螺肋，壳口半月形，内面灰绿或黄绿色。外唇缘具黑白色相间的镶边，内部有 1 列齿；内唇倾斜微显皱褶，内缘中央凹陷部有细齿 2～3 枚，厣棕色，半月形，表面具粒状突起。分布于我国浙江以南至海南沿海。见图1-2-6-27。

图 1-2-6-27　齿纹蜒螺

8.拟蜒螺科

　　贝壳坚厚，呈球状，体螺层大，螺旋部小，壳表面白色，壳面布有纵横交叉的细脉，壳口大，内唇中部有一凹陷。厣石灰质。

　　齿舌拟蜒螺 *Neritopsia radula*（Linnaeus）：壳呈半球形，坚实，洁白色。螺层约 4 层，壳顶小。体螺层膨圆。缝合线深，壳面布满念珠状的突起组成的螺肋。壳口广。外唇边缘有齿状缺刻；内唇厚，中央部有 1 直线状凹陷。见于我国南海,为印度洋、西太平洋热带种。见图 1-2-6-28。

图 1-2-6-28　齿舌拟蜒螺

四、作业

(1)熟记腹足纲的分类术语。

(2)写出所观察贝类的分类地位(纲、亚纲、目、科、属、种)。

实验七 腹足纲前鳃亚纲(二)、后鳃亚纲、肺螺亚纲的分类

一、目的

通过学习腹足纲的分类,初步掌握其分类方法,认识常见经济种类。充分理解和掌握腹足类的分类术语。

二、观察下列标本

(一)前鳃亚纲中腹足目

1.田螺科

壳稍高,呈卷旋的圆锥形。脐孔狭而缺。螺层表面多凸且略呈圆形。厣角质,具栉鳃,肾脏有长的输尿管。雄性右触角变为交接器。卵胎生,幼贝在子宫发育。淡水产。代表种如下:

(1)中华圆田螺 *Cipanopaludina cathayensis*:贝壳大,薄而坚。体型较中国圆田螺略小,卵圆锥形。螺层 6～7 层。各螺层的宽度增长迅速。螺旋部短而宽。体螺层特别膨圆。壳顶尖。壳表面呈绿褐色或黄褐色。壳口卵圆形,完全壳口,周缘具黑色框边。外唇简单;内唇厚,并遮盖螺脐。厣角质。生活于淡水,我国各地均有分布。见图 1-2-7-1。

图 1-2-7-1 中华圆田螺

(2)中国圆田螺 *Cipangopaludina chinensis*(Gray):体螺层增长均匀迅速,螺旋部高而略尖,体螺层膨圆。壳面凸,壳表面光滑呈暗绿色或深褐色。生长纹细密。壳口完全,椭圆形,周缘具黑色边框。脐孔部分被内唇遮盖而呈线状,或

全部被遮盖。厣角质,棕褐色。生活于淡水,我国各地均有分布。见图 1-2-7-2。

图 1-2-7-2　中国圆田螺

2.滨螺科

壳呈螺旋形,结实。内唇厚,外唇薄。厣角质,核不在中央。吻短而宽,触角长,眼在其外基部。有一栉鳃。卵生或卵胎生。代表种如下:

短滨螺 *Littorina brevicula* (Philippi):壳小,球状,黄绿色杂有褐、白色云斑。螺旋部低锥形,体螺层中部扩张形成肩部,具粗细不均匀的螺肋。壳口圆,内面褐色。外唇有褐和白色相间的镶边,内唇下端向前方扩张成一反折面,无脐,厣角质。为我国黄、渤海和东海习见的种类。见图 1-2-7-3。

图 1-2-7-3　短滨螺

3.锥螺科

壳顶高,螺层数多,呈尖锥形,厣角质,核在中央,无水管。代表种如下:

棒锥螺 *Turitella bacillum* Kiener:壳呈尖锥形,结实,黄褐色或紫红色。壳顶尖。螺旋部高,体螺层短。螺层约 28 层,每一螺层的上半平直、下半部较膨胀。螺旋部的每一螺层有 5～7 条排列不匀的螺肋,肋间还夹有细肋。壳口卵圆形,无脐。为我国浙江南部以南习见的种类。见图 1-2-7-4。

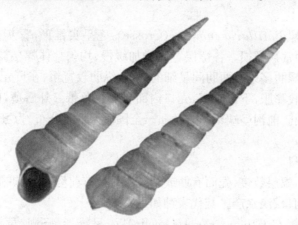

图 1-2-7-4 棒锥螺

4.轮螺科

贝壳较矮,体型或多或少呈盘状,脐大而深,边缘具锯齿状缺刻。壳口圆或近四方形。厣石灰质或角质。内面常有突起。代表种如下:

大轮螺 *Architectonica maxima*(philippi):壳呈低圆锥形,结实,黄褐或青灰色,具淡黄褐色壳皮。螺层约 9 层。壳顶低。各层宽度增加迅速。螺旋部有 4 条呈念珠状的螺肋,体螺层有 5 条,肋的宽度不等。缝合线呈深沟状,沿着缝合线的 2 条螺肋上面,有红褐色和白色相间的斑纹。壳基部平。脐孔大而深。在脐孔周围有锯齿状缺刻的螺肋,在此肋周围有 2 条较深的螺沟。厣角质。见于广东和海南岛沿海。见图 1-2-7-5。

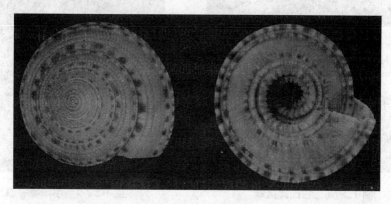

图 1-2-7-5 大轮螺

5. 汇螺科

壳较高,呈圆锥状,螺层数多。壳面具雕刻,唇部或多或少向外扩张。代表种如下:

古氏滩栖螺 *Batillaria cumingi*(Crosse):壳呈尖锥形,青灰或棕褐色。螺层约 9 层,壳顶常被磨损。各螺层宽度增加缓慢、均匀。体螺层微向腹方弯曲。壳面具低小的螺肋多条。两肋间呈细的沟状,纵肋较宽粗,在贝壳上部者明显发达。贝壳基部较膨胀,下部收窄,壳口内面有褐色色带。外唇薄,向外扩张并反折,内唇稍扭曲。前沟呈缺刻。厣角质。全国沿海都有分布,为习见种类。见图 1-2-7-6。

6. 蟹守螺科

壳长锥形,螺层数多,壳面有肋或结节。壳口有前沟,外唇扩张,角质,吻长、足长。海产,河口、淡水产。其代表种如下:

中华蟹守螺 *Ceritium sinense*(Gmelin):壳呈锥形,坚固,黄褐色杂有紫色斑。螺层约 15 层。在每一螺层上部有 1 条特别发达的由结节突起连成的肋,在螺旋部各层上有 3 条、体螺层上有 8 条由小颗粒连成的细肋,每一螺层上具有 1 条位置不定的纵肿脉。在体螺层上纵肿脉位于腹面的左方,壳口斜,卵形,内面黄白色,壳轴上有 2 条肋状皱褶。前沟的外缘部有 2 个褶襞。前沟呈半管状突起,前端向背方急速弯曲,后沟明显,厣卵圆形,角质。为我国福建以南潮间带沙滩上习见种。见图 1-2-7-7。

图 1-2-7-6　古氏滩栖螺

图 1-2-7-7　中华蟹守螺

7. 帆螺科

贝壳呈乳状或片状。螺旋部稍旋转,螺层层次略可辨,无厣,具石灰质腹板,内脏囊略呈螺旋形,足短圆,生殖腺有附属物。代表种如下:

笠帆螺 *Calyptraea morbiba*(Reeve):壳呈笠形,质薄,黄白或淡棕色,有的杂有棕色斑点或放射状花纹。壳顶高起,炖,位于中央,壳面光滑,同心生长纹细致。壳口广。内隔片较小,呈牛角形管状、肌痕近三角形,位于内隔片前方。见于海南岛和台湾。见图1-2-7-8。

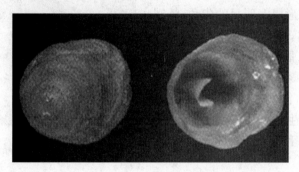

图 1-2-7-8　笠帆螺

8.衣笠螺科

壳呈笠状,薄脆,壳面有肋,常镶嵌各种空贝壳或小石。吻长。足横分为前后两部,后部背面具厣。代表种如下:

太阳衣笠螺 *Stellaria solaris*(Linnaeus):壳口低圆锥形,质较薄,淡黄色。螺层约7层。在螺层周缘具有向外延伸的管状突起,在体螺层上管状突起约有19个,管状突起的紧上方出现1条环形的缢痕。壳面微显膨胀,具斜行的波状纹,纹上有细小的结节突起,壳底部较平,有明显的弧形放射肋,肋上有细小的结节突起,壳口斜,脐深,部分被内唇遮盖。厣角质,黄褐色。生活于浅海泥沙质海底,见于南海。见图1-2-7-9。

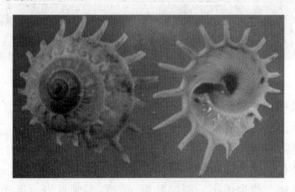

图 1-2-7-9　太阳衣笠螺

9.风螺科

贝壳结实,螺旋部低,体螺层大。壳口狭长,外唇扩张呈翼状或具棘状。有前沟,有时具后沟,沟旁常有外唇。代表种如下:

(1)水晶风螺 *Strombus canarium* Linnaeus:壳卵圆菱形,厚而结实,黄褐色。螺层约9层,壳顶数层表面稍膨园。刻有纵横行走的弱肋数条,中部各螺层向外扩张形成一明显的尖角,体螺层上部较发达,基部瘦窄。壳口狭长,白色。外唇扩张呈翼状,边缘加厚,前后缺刻浅,呈弧状凹陷。内唇前端稍向背方弯曲。前沟宽短。厣角质,柳叶形,一侧具齿,生活在浅海泥沙质海底,为我国台湾和南海习见种。见图1-2-7-10。

图 1-2-7-10 水晶风螺

(2)水字螺 *Lambis chiragra*(Linnaus):俗称笔架螺。壳大重厚,黄白色,具紫棕色斑点。壳表皮黄褐色。螺层约9层。螺旋部呈塔形。体螺层膨大成拳状,在体螺层有4列粗强的螺肋,第一条螺肋上有瘤状突起。壳口长方形,内面橘红色,有细肋。自壳口向外伸出6只超强大的棘状突起,呈水字形。厣柳叶形,角质。见于我国台湾、海南和西沙群岛。见图1-2-7-11。

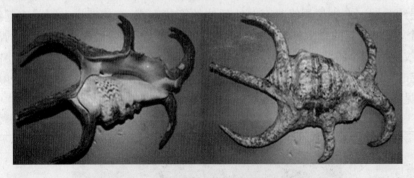

图 1-2-7-11 水字螺

(3)铁斑风螺 *Strombus urceus* Linnaeus:壳较小,结实,黄白色,具棕色斑点。螺层约8层,在螺层的中部和体螺层的上部扩张形成肩角,肩角上有结节状突起,体螺层稍膨大,有2条不完整的橄榄色色带。壳口梭形,内面淡棕色,刻有多数沟纹,外缘有紫褐色镶边。外唇边缘加厚,近后段弯曲形成一个角,前缺刻浅,内唇紧贴壳轴。前沟短小。厣柳叶形,角质,一侧具齿。见于我国台湾和南海沿岸。见图1-2-7-12。

图 1-2-7-12 铁斑凤螺

(4)蜘蛛螺 *Lambs Lambis* Linnaeus:壳坚固结实,黄白色杂有褐色斑点和花纹,外被有黄褐色壳皮。螺层约9层、壳面密生细的螺肋,其上有结节。壳口长条形,内面肉色。外唇扩张并向上、下、右三方延伸出7条爪状的长棘。外唇前端有一大缺刻,内唇弧曲。前沟半管状,稍长。厣角质,柳叶形。见于我国台湾、海南和西沙群岛。见图1-2-7-13。

图 1-2-7-13 蜘蛛螺

10.玉螺科

贝壳呈球形或耳形,螺旋部低,螺层数少。壳面光滑,壳面完全、无沟、无唇、简单。内唇多少向脐孔翻曲,或具石灰质胼胝。厣石灰质或角质。代表种如下:

(1)扁玉螺 *Neverita didyma*(bodiny):壳呈半球形,顶部紫褐色。基部白色,其余壳面淡黄褐色。螺层约5层。螺旋部较低,体螺层宽大。壳面膨胀,生长纹细密,在每一螺层缝合线的下方有一条彩虹样的紫色色带。壳口卵圆形。外唇薄,内唇中部形成一个大褐色的脐结节。脐大而深,部分被脐结节遮盖。厣角质。见于全国沿海。为肉食性种类,侵食其他双壳类。但其肉可供食用。见

图 1-2-7-14。

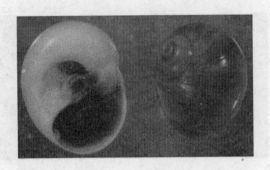

图 1-2-7-14　扁玉螺

(2)福氏乳玉螺 *Polynices fortuni*(Reeve):壳高、低圆锥形。螺层约 6 层。缝合线明显。壳顶尖细,壳顶处 3 个螺层很小。体螺层膨大。壳面光滑无肋,生长线细密。壳面黄褐色或灰黄色,壳塔多呈灰蓝色。壳内面棕黄色或灰紫色。壳口卵圆形。外唇简单而薄,内唇的上部薄,至脐部稍加厚,接近脐的部分形成 1 个结节状的棕黄色胼胝。厣角质。脐孔深而明显,部分被内唇伸展的胼胝所填塞。广泛分布于我国南北沿海,为滩涂贝类养殖的敌害。见图 1-2-7-15。

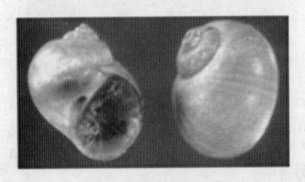

图 1-2-7-15　福氏乳玉螺

(3)斑玉螺 *Naticatiorina*(Rodling):壳呈球形。壳顶紫色,基部白色,其余壳面呈黄色,密布不规则的紫褐色斑点。螺层约 6 层。螺旋部约占壳高的1/3。体螺层较膨大。壳面光滑无肋,生长纹细密。壳口卵圆形,内面青白色。外唇稍薄,呈弧形,内唇中部形成 1 个结节。脐的下半部几乎全被结节掩盖,石灰质,外侧边缘有 2 条肋纹。全国沿海都有分布,为肉食性贝类,对滩涂贝类养殖有害。见图 1-2-7-16。

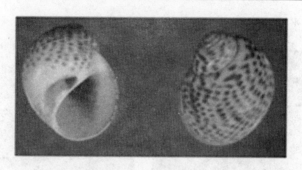

图 1-2-7-16　斑玉螺

11.宝贝科

壳质坚固,呈卵圆形。壳面具突起或平整,富有光泽。成体时螺旋部小,埋于体螺层中,壳口狭长,唇缘厚,多少具齿。无厣。吻和水管均短。外套膜及足发达,有外套触角。代表种如下:

(1)阿纹绶贝 *Mauritia arabica*(Linnaeus):壳呈长卵圆形,背部膨圆,两侧边缘稍厚。壳表面呈褐色,具有不甚规则的棕褐色断续的条纹和许多星状圆斑,并杂有褐色或灰蓝色的横条。背线明显。两侧缘和基部为灰褐色,饰有紫褐色斑点。螺旋部部分或全部被珐琅质所覆盖。壳口窄长,微曲。两唇齿各有约 32 枚,红褐色,壳内面为淡紫色。见图 1-2-7-17。

生活在低潮线附近的岩石或珊瑚礁。我国见于福建东山以南沿海,为印度—西太平洋热带海区广分布种,壳的中药名紫贝,具明目解毒的功效。

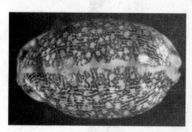

图 1-2-7-17　阿纹绶贝

(2)虎斑宝贝 *Cypraea tigris* Linnaeus:壳较大,卵圆形,背部膨圆,两端微凸,前端较尖瘦。壳顶部位向内凹陷。壳面光滑,有瓷光,淡黄色和白色,布有大小不同的黑褐色斑点,似虎皮的斑纹,故名虎斑宝贝。螺旋部被珐琅质所覆盖,背线明显。基部呈乳白色。内唇中部稍后有 1 块黑褐色斑纹。壳口窄长。外唇齿有 24～30 枚,内唇齿 22～26 枚。壳内面白色。见图 1-2-7-18。

生活在潮下带岩礁或珊瑚礁海底。见于我国台湾、广东、海南和西沙群岛。

为印度—西太平洋热带海区广分布种,壳供观赏。

图 1-2-7-18 虎斑宝贝

(3)环纹货贝 *Monetaria annulus*(Linnaeus):壳小,卵圆形。背部中央较隆起。在背部周围有 1 个橘黄色的环纹,环纹在贝壳的两端不衔接,壳面光滑具瓷光。在环纹内通常为淡灰蓝色,环纹外为灰褐色。螺旋部被珐琅质覆盖。背线不清楚。壳口狭长,微曲,前端稍宽。唇齿粗壮,每侧约 12 枚。壳内面为紫色。见图 1-2-7-19。

生活在潮间带中潮区至潮下带的岩石和珊瑚礁。见于我国台湾、海南和西沙群岛,为印度—西太平洋区广分布种。

图 1-2-7-19 环纹货贝

(4)货贝 *Monetaria nonetal* Linnaeus:壳小,背部中央高起,两侧较低平,在贝壳后方的两侧形成结节突起,螺旋部被珐琅质覆盖。背线不清楚、壳面为鲜黄色,两侧缘部色较淡。背部具 2～3 条灰绿色横条。基部平,黄白色。壳口窄长,唇齿粗短,每侧有 12～13 枚,壳内面紫色。见于我国台湾、海南南端和西沙群岛。见图 1-2-7-20。

图 1-2-7-20　货贝

（5）卵黄宝贝 *Cypraea vitellus*（Linnaeus）：壳呈卵圆形，背部膨圆，前端稍尖瘦。表面光滑具瓷光，黄褐色或灰黄色，有乳白色色斑及不明显的褐色色带 3 条。壳两侧有延伸至基部的细密线纹。螺旋部被珐琅质所覆盖。基部呈淡褐色。壳口窄长。外唇齿有 24～32 枚，内唇齿有 20～27 枚。壳内面白色或淡紫色。见图 1-2-7-21。

生活在低潮线附近岩石和珊瑚礁。我国台湾和南海沿岸均产，日本、菲律宾也有分布。

图 1-2-7-21　卵黄宝贝

12.冠螺科

螺旋部短小，体螺层膨大，壳形呈圆锥或冠形。壳口狭长，唇部扩张。前沟短，并扭曲。中央齿具许多齿尖。眼无柄，足宽大，吻和水管相当长。代表种如下：

（1）冠螺 *Cassis*（*Cassis*）*cornuta*（Linnaeus）：又称唐冠螺。壳大而厚重，略

呈球形或卵圆形,灰白色。螺旋部低矮。体螺层膨大,螺肋与生长线交叉呈网目状。体螺层有 3 条粗壮的螺肋,肩部的 1 条有 5～7 个角状突起。壳口狭长,内、外唇扩张呈橘黄的盾面。外唇内缘有 5～7 个齿,内唇有 8～11 个褶襞。壳口内面为深橘红色。前沟短,向背部扭曲。厣小,棕褐色。见于我国台湾和西沙群岛。肉可食。见图 1-2-7-22。

图 1-2-7-22　冠螺

(2)沟纹鬘螺 *Phalium*(*Phalium*) *strigatum* (Gmelim):壳呈卵圆形,黄白色,具有较宽的纵走红褐色波状花纹。螺层约 9 层。螺旋部较短,具纵、横细肋,并交叉形成粒状突起,有时还出现纵肿肋。体螺层膨大,腹面左侧具发达的纵肿肋。壳口狭长。外唇厚而向外翻卷,内缘具齿肋;内唇下部延伸成片状,并具许多不规则的肋。前沟宽短,向背方弯曲。厣角质。生活在低潮区至浅海的砂质海底。见于我国东、南沿海,日本也有分布。见图 1-2-7-23。

图 1-2-7-23　沟纹鬘螺

13. 嵌线螺科

壳厚有粗肿肋,壳口一般卵圆形,外唇厚而弯折,前沟通常狭长,外皮甚厚有时带毛,厣角质,水管发达,具吻。代表种如下:

(1)法螺 *Charonia tritonis*(Linnaeus):壳极大,黄红色,具有黄褐色或紫褐色呈鳞状花纹。螺层约10层。顶部常磨损。螺旋部高。尖锥形。体螺层膨大,每一螺层具有光滑的螺肋及纵肿肋。壳口卵圆形。内面橘红色。外唇边缘向外延伸,内缘具成对的红褐色齿肋;内唇有白色与褐色相间的条纹状褶壁。前沟半管状。略向背方弯曲。厣角质。见于我国台湾和西沙群岛。壳可制作号角。见图 1-2-7-24。

图 1-2-7-24　法螺

(2)网纹扭螺 *Distorsio reticulata*(Roding):壳略呈菱形。螺层约9层。螺旋部呈塔状。缝合线浅,螺旋部较高,背方膨胀犹如驼背,腹方压平。壳表面黄褐色或灰白色,外被棕褐色绒毛状的壳皮。具纵横行走肋形成网纹。壳口扩张,形成片状红棕色的瓷质面。外唇内侧具大小不等的齿,内唇有方格状雕刻和颗粒状齿。前沟半管状,后沟内侧具两枚突起。厣角质。见于我国台湾和南海。见图 1-2-7-25。

图 1-2-7-25　网纹扭螺

14.蛙螺科

贝壳中等大,坚硬,壳面雕刻多,具棘刺、肿肋。壳口卵圆形,有前、后沟,沟较短,唇具齿。代表种如下:

蛙螺 *Bura(Cyrineum) rana*(Linnaeus):见图1-2-7-26。壳呈卵圆形,黄白色并杂有紫褐色火焰状条纹。螺层9层。壳面有细的螺肋,肋上具颗粒状结节。在体螺层上有2列角状突起,其他螺层的肩角上各有1列角状突起。在每一螺层的左右侧各有1条纵肿肋,肋上也生着角状突起。壳口橄榄形,内面黄白色。外唇厚,边缘具许多齿,内唇内缘具褶襞及粒状突起。前沟半管状,后沟内侧有时具肋突。厣角质。见于我国浙江以南沿海。

图 1-2-7-26 蛙螺

15.鹑螺科

壳膨胀较薄,常呈球状,螺旋部低。体螺层大,无厣。水管狭长,生活在暖海。代表种如下:

中国鹑螺 *Tonna chinensis*(Dillwyn):壳略呈球形。螺旋部低。体螺层膨大。淡黄色。螺层约7层,壳面具有发达而宽平的螺肋,每隔一二条肋出现1条或2条颜色较淡的螺肋,其上有褐色的斑块。壳口半圆形,内面淡褐色,刻有深的螺肋。外唇薄,边缘具缺刻,内唇下部向外翻卷与螺轴形成假脐。前沟宽短,向背方扭曲。无厣。生活在浅海砂质或泥砂质海底。见于我国东海及南海,日本也有分布。见图1-2-2-27。

图 1-2-7-27 中国鹑螺

16. 琵琶螺科

螺旋部小，体螺层大，体型呈梨形或琵琶形，壳口广开，无脐，前沟长而宽。外唇薄，足宽大，水管细长。代表种如下：

（1）琵琶螺 *Ficus ficua*（Linaeus）：壳呈梨形，上部膨圆，下部窄细。壳面淡褐色，具黄褐色和紫褐色细斑点。螺层约 6 层，螺旋部低矮，体螺层膨大几乎占贝壳的全部，壳面光滑。有低平较粗的螺肋和细弱的纵肋。体螺层上有条黄白色的螺带。壳口宽长，内面呈淡紫色。外唇薄，内唇弯曲，前沟长。无厣。见于我国浙江、台湾、广东、广西沿海。见图 1-2-7-28。

图 1-2-7-28　琵琶螺

（2）长琵琶螺 *Ficus gracilis*（Sowerby）：壳较细长，呈琵琶状，壳表面黄褐色并有呈波纹状的纵走褐色花纹，具低平而整齐的螺肋，纵肋细弱，两种肋纹交织形成小方格状。螺层约 6 层，螺旋部稍突出，体螺层极膨大且长。壳口狭长，内面呈浅蓝褐色。外唇较厚，内唇弯曲。前沟长，半管状。无厣。见于我国福建以南沿海。见图 1-2-7-29。

图 1-2-7-29　长琵琶螺

（二）前鳃亚纲新腹足目

17. 骨螺科

贝壳呈陀螺形或梭形，螺旋部中等高。壳顶结实，壳面具各种结节或棘状突起，前沟长，厣角质、较薄，多为肉食贝类，大多数为敌害。代表种如下：

（1）脉红螺 *Rapana venosa*（Valenciennes）：贝壳大，壳质坚厚，螺层约 6 层，缝合线浅。螺旋部稍高起，体螺层宽大。壳面密生较低的螺肋，各螺层肩角将螺层分为上下两部分。在肩角上有角状突起，体螺层肩角下部有 3～4 条具有结节或棘刺状突起的粗螺旋肋。壳面黄褐色，具棕色或紫棕色斑点。假脐，厣角质。黄渤海、东海均有分布，肉食性动物，可食用。见图 1-2-7-30。

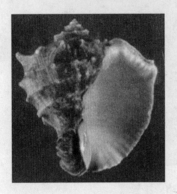

图 1-2-7-30　脉红螺

（2）疣荔枝螺 *Thais clavigera* Ruster：壳质坚厚。螺层约 6 层，缝合线浅，在螺旋部每一螺层的中部有一环列明显的疣状突起。在体螺层上有 5 列突起，以上方 2 列最粗强。壳面密布细的螺肋和生长纹，壳面灰绿色或黄褐色。壳口内面淡黄色，有大块的黑色或褐色斑。外唇薄，边缘有明显肋纹；内唇光滑。前沟短，厣角质。见于我国沿海，肉食性贝类，为贝类养殖的敌害。见图 1-2-7-31。

图 1-2-7-31　疣荔枝螺

(3)瘤荔枝螺 *Thais bronni* Dunker：螺层约 6 层，缝合线较浅，螺旋部每一螺层具有 2 列大的瘤状突起，1 列位于螺层的中部，另 1 列紧靠缝合线的上方。这个瘤状突起在体螺层有 4 列，以上方第一列最发达，其他列依次缩小，每一列约有突起 8 个。壳面密生微细的螺纹及明显的纵走生长纹。外唇边缘随壳面的雕刻形成缺刻。厣角质。为东海习见种。见图 1-2-7-32。

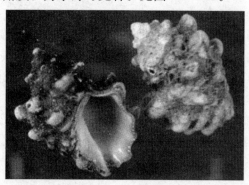

图 1-2-7-32　瘤荔枝螺

(4)浅缝骨螺 *Murex trapa* Rouding：螺层约 8 层，缝合线浅。螺旋部每一螺层有 3 条肿肋。螺旋部各纵肿肋的中部有一尖刺；体螺层的纵肿肋上，具有 3 枚长刺，其间有的还具 1 支短刺。体螺层纵肿肋之间有 5～7 条细弱的肿肋。壳面的螺肋细而高起。壳表面黄灰色或黄褐色。前沟很长，几乎呈封闭的管状，其上尖刺通常不超过前沟长度的 1/2。厣角质。见图 1-2-7-33。

暖海种，生活于数十米深的砂泥质海底，为海底拖网习见的种类。分布于我国浙江以南沿海，日本也有分布。

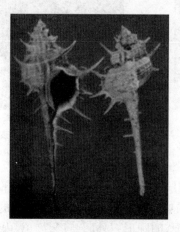

图 1-2-7-33　浅缝骨螺

(5)棘螺 *Chicoreus ramosus*：贝壳大，重厚，螺层约 8 层，缝合线浅。螺旋部每一螺层有粗强的分枝状棘，壳口边缘纵肋上的棘明显可数的有 7～10 个，棘的大小不等。在两个纵肿肋之间有瘤状突起。外唇外缘有强大的犬齿缺刻，内唇光滑。前沟粗，呈扁的半管状。前沟右侧通常有 3 条大的棘，厣角质。暖水种，海产，见于我国南海。见图 1-2-7-34。

18. 蛾螺科

壳呈长卵圆形或纺锤形，壳质坚厚。螺旋部短，体螺层膨大，前沟稍长或短而成一缺刻。壳面具外皮，有螺肋和结节突起，厣角质。代表种如下：

(1)皮氏蛾螺 *Volutharpa ampullacea perryi*（Jay）：壳卵圆形。螺层约 6 层，螺旋部短小，体螺层极膨大。壳面有纵横交叉的细线纹，线纹在次体层以下逐渐不明显。壳面黄白色，外被 1 层黄褐或黑褐色的壳皮，壳皮上排列着细密的茸毛。壳口大，卵圆形。外唇薄，弧形；内唇紧贴于体螺层上。前沟短宽。具假脐。无厣。生活在浅海泥砂质海底。见于黄渤海，日本也有分布，肉质肥，供食用。见图 1-2-7-35。

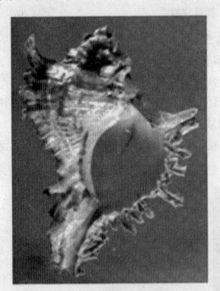

图 1-2-7-34　棘螺

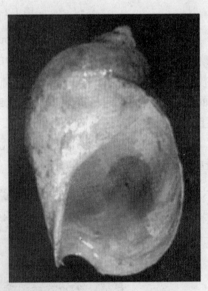

图 1-2-7-35　皮氏蛾螺

(2)香螺 *Neptunea Cumingi* Grosse：贝壳大，呈纺锤形，约 7 个螺层，缝合线明显。每一螺层壳面中部和体螺层上部扩张形成肩角。在基部数螺层的肩角上具有发达的棘状或翘起的鳞片状突起，整个壳面具有许多细的螺肋和螺纹。壳面黄褐色，被有褐色壳皮。壳口大，卵圆形。外唇弧形，简单，内唇略扭曲。前沟较短宽。前端多少向背端弯曲。厣角质。产于我国东、南沿海,肉肥美,可食用。见图 1-2-7-36。

(3)方斑东风螺 *Babylonia areolata*(Link):壳近长圆形,螺层约 8 层。各螺层壳面较膨圆,在缝合线的下方形成一狭而平坦的肩部。壳表面光滑,生长纹细密。壳面被黄褐色外皮,壳皮下面为黄白色,并且有长方形黄褐色斑块。斑块在体螺层有 3 横列,以上方的 1 列最大。外唇薄,内唇光滑并紧贴于壳轴上。脐孔大而深。绷带紧绕脐缘。厣角质。产于我国东、南沿海,肉肥美,可食用。见图 1-2-7-37。

图 1-2-7-36　香螺　　　　　　　　图 1-2-7-37　方斑东风螺

(4)泥东风螺 *Babylonia lutosa*(Larmarck):螺层约 9 层,缝合线明显。基部 3～4 螺层各在上方形成肩角。肩角的下半部略直。壳面光滑。外唇薄;内唇稍向外反折。前沟短而深,呈 V 形;后沟为一小而明显的缺刻。绷带宽而低平。脐孔明显,有的被内唇掩盖。厣角质。分布于我国东海、南海。见图 1-2-7-38。

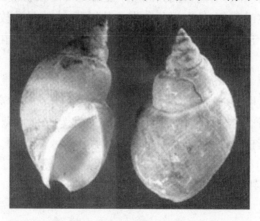

图 1-2-7-38　泥东风螺

19. 盔螺科

壳呈梨形或盔形,有时很大,通常具有结节的肩角。壳口稍宽大,前沟或长或短,壳柱无褶皱。具厣,足大,小管长。代表种如下:

管角螺 Hemifusus Tuba (Cmelin):螺层约 8 层,缝合线深,呈不整齐的沟状。体螺层相当膨大。每一螺层的壳面中部扩张形成肩角。肩角的上半部壳面倾斜,下半部直。肩角上通常有 10 个发达的角状突起。壳面被有茸毛的褐色外皮。壳口大,外唇较薄,内唇紧贴于壳轴上,前沟较长。厣角质。产于我国东、南沿海,肉供食用。见图 1-2-7-39。

图 1-2-7-39　管角螺

20. 织纹螺科

壳小型,内唇光滑或有硬结节,外唇常具齿。厣角质,边缘有齿状突起。代表种如下:

(1)织纹螺 Nassarius dealbatus (A. Adams):壳呈长卵圆形,约 8 级螺层,缝合线深。壳顶光滑。其余螺层表面具发达而稍斜行的纵肋,这种纵肋在体螺层上有 9～12 条。螺肋明显,螺肋和纵肋互相交叉使纵肋上面形成明显的粒状突起,壳面黄褐色或黄色,具有褐色色带。外唇薄,内缘具数枚粒状齿,内唇向外延伸遮盖脐带。前沟短而深,后沟不明显。厣角质。我国沿海习见种(图 1-2-7-40)。

(2)疣织纹螺 Nassarius papillosus (Linnaeus):贝壳近锥形,壳质坚厚。螺层约 8 层,缝合线明显。壳面具发达的横列疣状突起。这种突起在体螺层上有 8 列,每列约 16 个,在次体层有 4 列,其他层通常为 3 列。壳表面白色,杂有褐色污斑。壳顶紫红色。外唇外缘有 6～8 枚明显的棘刺,内唇光滑,紧贴于壳轴上。前沟深,后沟小。绷带宽而低,其上刻有线纹。暖水种,产于我国西沙群岛和海南南部。见图 1-2-7-41。

图 1-2-7-40 织纹螺

图 1-2-7-41 疣织纹螺

（3）红带织纹螺 *Nassarius succinctus*（A. Adams）：螺层约 9 层，缝合线明显。近壳顶数螺层均有明显的纵肋和极细的螺肋。其他螺层上纵肋和螺肋不明显。壳面较光滑。通常只在缝合线下方有 1 条和体螺层的基部有 10 余条螺旋形沟纹，体螺层有 3 条红褐色色带，并有 6～7 条肋纹。厣角质。是我国沿海习见种类（见图 1-2-7-42）。

21. 榧螺科

壳柱呈柱或纺锤状。壳面光滑，有光泽，色泽美丽多变。厣或有或无，齿舌多变化。代表种如下：

（1）伶鼬榧螺 *Olivaic mustelina* Lamarck：壳呈长卵形，螺旋部略高出壳顶。缝合线明显。壳面光滑，有光泽，淡黄或灰黄色，布有许多波浪形纵走的褐色花纹。壳口相当长，几乎占贝壳的全长。外唇直而边缘略厚，内唇褶一般为 20 个。见于我国南海至海南北部。见图 1-2-7-43。

图 1-2-7-42 红带织纹螺

图 1-2-7-43 伶鼬榧螺

22. 笔螺科

壳呈纺锤形或毛笔头形,结实,壳顶尖,壳口稍狭,壳柱常具数个褶皱,无厣。齿舌多变。代表种如下:

中国笔螺 *Mita chnensis* Gray:贝壳纺锤形。螺层约 10 层,缝合线细,明显。螺旋部高。各螺层宽度增加均匀。体螺层中部稍膨胀,至基部收窄。壳顶部数螺层和体螺层的基部刻有螺旋形沟纹,其余螺层壳面均较光滑,略可辨出丝状生长纹,壳面黑灰褐色。外唇简单,内唇中部有 3～4 个褶叠。我国青岛以南沿海地区均有分布(图 1-2-7-44)。

23. 涡螺科

贝壳形状有变化,卵圆形,柱状或纺锤形,壳顶通常呈乳头状,螺柱具数个褶皱,前沟不延伸,常呈缺刻状。代表种如下:

瓜螺 *Cymbium mcbo*:俗程油螺。贝壳大,近圆球状。螺旋部小,体螺层极膨大。壳面较光滑,橘黄色,杂有棕色斑块,被有薄的污褐色壳皮。壳口大,卵圆形。外唇薄,弧形,内唇扭曲,下部具 4 个强大的褶叠。滑唇紧贴于体螺层上,前沟较宽,足大,无厣。见于我国台湾、福建、广东沿海。其卵群俗称海菠萝。肉肥大可食用。见图 1-2-7-45。

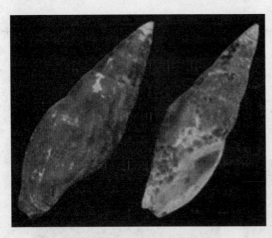

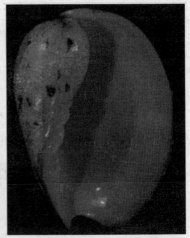

图 1-2-7-44　中国笔螺　　　　　**图 1-2-7-45　瓜螺**

24. 竖琴螺科

壳呈卵圆形,螺旋部较低小,体螺层膨大。壳口宽大,壳面有整齐的纵肋,肋在肩部常铁别高起。外唇简单,内唇在前方常形成肿胀部。无厣。足大有横沟。暖水种,海产。代表种如下:

竖琴螺 *Harpa conoidalis* Lamarck：俗称蜀江螺。贝壳卵圆形，具美丽花纹。螺层约 7 层。缝合线不明显。螺旋部低小，呈锥形。体螺层膨圆。在每一螺层的上方形成一明显的肩部。除胚壳外，整个壳面有发达而排列较稀的粗纵肋。纵肋在体螺层有 12～14 条，并在肩角和体螺层的基部扭曲，在肩部形成小的角状突起。壳肉色，染有白色和褐色云斑。外唇厚，内唇稍扭曲。无厣。生活在低潮线以下泥沙质海底。见于我国台湾、广东沿海（图 1-2-7-46）。

25. 芋螺科

壳呈锥形或纺锤形。眼位于触角外侧的中部。外套膜开口为线状，水管长。主要分布于南海。代表种如下：

（1）信号芋螺 *Conus litteratus* Linnaeus：壳顶低矮，略高出体螺层。缝合线浅，细线状。肩部平坦。在肩部与缝合线之间有 1 条浅沟。壳面瓷白色，满布排列整齐的方形或长方形的褐色斑点，这种斑点在体螺层上约有 19 横列。壳表面被黄色壳皮。壳口狭长，内面为瓷白色。暖水种，生活在低潮线附近及 10 m 水深的沙滩或珊瑚礁。见于我国台湾和东西沙群岛（图 1-2-7-47）。

图 1-2-7-46　竖琴螺

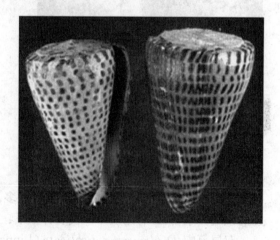

图 1-2-7-47　信号芋螺

（2）线纹芋螺 *Conus striatus* Linnaeus：壳顶稍高起。螺旋部呈低圆锥形。缝合线浅。缝合线与肩部之间形成一个狭小的阶梯状平面。在缝合线与体螺层之间则呈浅的凹沟状。体螺层肩部和基部收缩。除在体螺层基部有 10 余条不发达的螺肋外，其余壳面光滑。壳顶淡粉红色，螺旋部具火焰状紫褐色花纹，体螺层有断续的紫褐色纹和分布不均匀的三角形斑纹。壳口狭长。前沟短。暖水种，海产，为我国台湾、海南和西沙群岛习见种类（图 1-2-7-48）。

26.塔螺科

壳呈纺锤形,螺旋部高,尖塔状。壳口狭长,外唇薄,靠边缘后方有缺刻。具前沟。代表种如下:

爪哇拟塔螺 *Turricula javana*(Linnaeus):贝壳呈纺锤形。螺层约11层,。螺旋部高。每一螺层中部壳面突出形成肩角,把壳面分成上下两半部。壳面上部通常光滑,但缝合线下方有2条明显的螺肋,壳面下半部具有许多大小不均的螺肋。在每一螺层的肩角上具有许多纵斜排列的结节。生长线明显。壳口小。外唇边缘后端有一较深的缺刻。前沟延长。生活在10 m至近百米水深的沙泥质海底。为东海、南海习见种(图1-2-7-49)。

图1-2-7-48 线纹芋螺

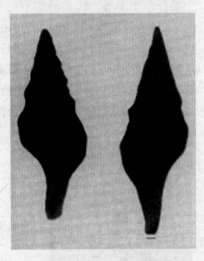

图1-2-7-49 爪哇拟塔螺

27.笋螺科

壳呈长锥形,螺旋部极高,螺层数目极多。壳口小,头较大,足小,眼位于触角的顶端。水管长,有角质厣。代表种如下:

双层笋螺 *Diplomeriza duplieata*(Linnaeus):壳呈长锥形,螺层约19层。在每一螺层壳面的上部刻有1条比缝合线稍深的螺沟,将壳面分为上、下两层。整个壳面还有排列整齐而光滑的纵肋,在体螺层上通常有28条。壳面黄褐色,富有光泽。基部各螺层常有粗大的褐色斑点。在体螺层中部有1条白色环带。壳口内面褐色。内唇扭曲。栖息于潮间带沙滩上,习见于台湾、广东和海南沿海(图1-2-7-50)。

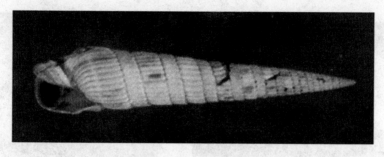

图 1-2-7-50　双层笋螺

（三）后鳃亚纲头楯目

28.阿地螺科

贝壳通常完全外露，螺旋部不凸出。足有发达的侧叶头。头楯大，呈拖鞋状。代表种如下：

泥螺 *Bullacta exarata*（Philippi）：俗名吐铁，又称麦螺、梅螺、黄泥螺等。贝壳呈卵圆形，薄脆，白色，非常膨大，无螺层，无脐，自身旋转，壳口广阔，其长度和贝壳的长度几乎相等。前端宽大，后端（即壳顶）缩小，上部较下部狭，外缘简单锋利，外唇后部超过壳顶。螺轴平滑，略透明。在贝壳的外表面可以看到许多细纹，即生长线，壳口的内面光滑。壳面被褐色外皮覆盖。贝壳不能完全包裹软体部，后端和两侧分别被头盘的后叶片、外套膜侧叶及侧足的一部分所遮盖，只有贝壳的中央部分裸露。足发达。齿舌具 1 中央齿，侧齿呈镰刀状。广泛分布于我国南北沿海（图 1-2-7-51）。

29.壳蛞蝓科

贝壳薄，完全被外套膜遮盖，呈螺旋形。侧足厚。头盘大，厚而简单。胃部具强有力的胃板。齿舌无中央齿。代表种如下：

经氏壳蛞蝓 *Philine kinglipini* Tchang：贝壳长卵圆形，薄而脆，完全被外套膜遮盖。具有 2 个螺层。体螺层大，几乎占贝壳的全部。生长纹明显，与许多螺旋状弯曲的细沟相交而成织布纹状。壳面白色或黄白色。壳口大。齿舌具中央齿。足发达，侧足狭而肥厚，反折于背上及两侧（图 1-2-7-52）。

生活在潮间带泥沙滩上，匍匐爬行，广泛分布于我国黄渤海及东海。以贝类为食，为贝类养殖的敌害。

30.海兔科

贝壳多退化，小，一般不呈螺旋状，部分埋在外套膜中或为内壳。无头盘，头部有触角 2 对。侧足较大，或多或少反折于背方。侧脏神经连索长。代表种如下：

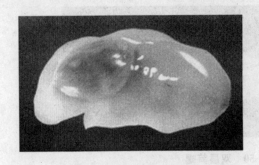

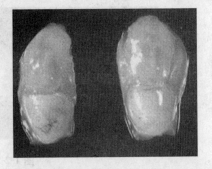

图 1-2-7-51　泥螺　　　　　　　　　图 1-2-7-52　经氏壳蛞螺

蓝斑背肛海兔 *Notarchus leachii cirrosus* Stimpson：体中等大，胴部非常膨胀，且向前、后两端削尖，略呈纺锤形。头颈部明显。头触角粗大，嗅角较小。侧足发达，两侧足的前端分离，后端愈合，形成一个背裂孔和特殊的腔。本鳃大，呈扇形。贝壳完全消失。体色为黄褐和青绿色。背面被有许多大小不同的突起和黑色细点及蓝色斑点。分布于我国东南沿海，栖息在潮下带的海诋，已进行养殖，其卵群可做清凉剂（图 1-2-7-53）。

图 1-2-7-53　蓝斑背肛海兔

（四）肺螺亚纲基眼目

31.菊花螺科

贝壳和内脏均为锥形，似笠贝，有两栖性质，营水中呼吸，二次性鳃位于外套腔内面。代表种如下：

日本菊花螺 *Siphonaria japonica* Donovan：贝壳及内脏均为锥形，形似笠帽贝。壳质厚。壳顶稍近中央。自壳顶向四周发出粗细不等的放射肋。壳表面黄褐色，壳内面黑褐色，具瓷质光泽。壳内面有与壳表面放射肋相应的放射沟。营两栖生活，我国沿海潮间带均有分布（图 1-2-7-54）。

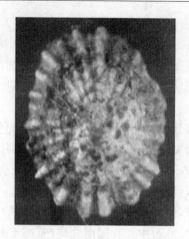

图 1-2-7-54　日本菊花螺

32. 椎实螺科

贝壳较薄,稍透明,一般右旋,也有左旋者,螺旋部较矮。无厣,触角扁平,三角形。眼位于触角基部内侧,中央齿狭小,末端具有小齿。生活在淡水中。代表种如下:

椭圆萝卜螺 *Radit swinhoei*(H. Adams):贝壳薄,外形椭圆形。螺层有 3～4 层。体螺层较长,不膨大。壳口长圆形,不向外扩张,上部狭长向基部逐渐宽大。外唇简单,锐利易碎,内唇厚,上部贴于体螺层上,下部形成轴褶,有时扭转,脐孔不明显或呈缝状。壳面黄绿色、淡棕色。生长纹明显(图 1-2-7-55)。

生活在静水稻田、池塘、沟渠等处,是肝片吸虫及其他吸虫的中间宿主。我国华东、华南地区广泛分布。

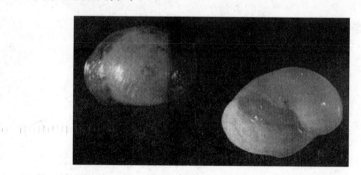

图 1-2-7-55　椭圆萝卜螺

33. 玛瑙螺科

贝壳通常呈卵圆形,壳质较厚。壳面常有暗色色带。中央齿狭长,侧齿有变

化,有时具附属齿,缘齿有附属齿。代表种如下:

褐云玛瑙螺 *Achatina fullca* (Ferussac):贝壳呈长圆形。螺层5~8层。螺旋部低,体螺层膨大。壳面布有焦褐色花纹。壳口卵圆形,内唇贴于体螺层上,形成S形。唇缘内折,无脐孔。是我国最大的陆生贝类(图1-2-7-56)。

34.蜗牛科

壳形多变,盘形或锥形。壳口无突起,壳面常有彩色带。生殖器官特殊,有恋矢囊,内有石灰质的恋矢以及圆形或棒状的黏液腺,阴茎常有鞭状器。

同型巴蜗牛 *Bradybaena similaris* (Ferussac):贝壳呈扁球形,有5~6螺层。壳面有细的生长线,贝壳呈黄褐色、红褐色或梨色。在体螺层周缘和缝合线上,常有1条暗褐色色带,但有些个体没有。壳口马蹄形,脐孔呈圆孔状小而深。生活在潮湿的草丛、田埂、乱石中。我国南北均产(图1-2-7-57)。

图1-2-7-56 褐云玛瑙螺

图1-2-7-57 同型巴蜗牛

三、作业

写出所观察贝类的分类地位(纲、亚纲、目、科、属、种)。

实验八　瓣鳃纲古列齿亚纲、翼形亚纲的分类

一、实验目的

通过学习瓣鳃纲的分类,初步掌握其分类方法,认识常见经济种类。熟记分类术语。

二、观察瓣鳃纲外部形态,熟记分类依据和分类术语

(一)瓣鳃纲的外部形态

瓣鳃纲的外部形态见图 1-2-8-1。

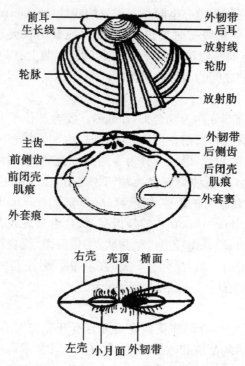

图 1-2-8-1　瓣鳃纲贝壳各部分名称模式图

(二)瓣鳃纲分类术语

1.壳顶

贝壳背面 1 个特别突出的小区称壳顶(beak or umbo),它是贝壳中最老的

部分。壳顶偏前者称前顶(prosogyrate),壳顶偏后者称为后顶(opisthogyrate),壳顶位于壳的中央者称中顶(orthogyrate)。

2.左右相称和左右不相称

左右相称(equivalve,或 bilateral symmetry)即左右两壳的大小、形状相同;左右不相称(inequilateral)即左右两壳的大小、形状不同。

3.等侧和不等侧

等侧又名两侧相等(equilateral),即壳顶位于中央,壳前后对称;不等侧又名两侧不等(inequilateral),即壳顶不在中央,壳前后不对称。

4.小月面和盾面

壳顶前方有1个小凹陷,一般为椭圆形或心脏形,称为小月面(lunula)。壳顶后方与小月面相对的一面也有1个浅凹陷,称之为盾面(escutcheon)。

5.生长线和放射肋

在壳外面有以壳顶为中心呈同心圆排列的线纹(concentric lines)称为生长线(growth lines)。生长线有时突出,生出鳞片或棘刺状突起。放射肋(radial rib)是以壳顶为起点向腹缘深出的许多放射状的肋,肋上有的有鳞片、小结节或棘刺状突起。放射肋之间的沟称放射沟。

6.绞合部

左右两壳相结合部分称为绞合部(hinge)。绞合部位于背缘,该部分较厚。绞合部的内方通常有齿和齿槽。当贝壳闭合时,齿和齿槽在一定的位置上组合在一起,根据绞合齿的数量,形状可分为下列几种类型:①列齿型,齿多成列;②异齿型,齿形变化大,典型种类有主齿和侧齿之分,位于壳顶下方的齿称主齿(cardinal tooth),主齿前方的齿称前侧齿(anterior lateral tooth),主齿后方的齿称后侧齿(posterior lateral tooth);③裂齿型,绞合齿分裂或者形成位于壳顶的拟主齿(pseudocardinal teeth),主齿呈片状;④带齿型,绞合部有一突起物与韧带相连,不对称,右壳有一窝,坐壳有一突起;⑤等齿型,左右两壳绞合齿数相等;⑥贫齿型,绞合齿不发达;⑦无齿型,绞合部无齿。

7.韧带

韧带(ligament)是绞合部连接两扇贝并且有开壳作用的褐色物质,角质构造,有弹性,由于韧带的部位和数量不同,常有以下几个术语:①后韧带,韧带位于壳顶的后方;②双韧带,韧带在壳顶前后方均有;③多韧带,由许多韧带构成;④无韧带,没有韧带;⑤内韧带,韧带在壳顶内部,绞合部中央;⑥外韧带,韧带只分布在壳的外面;⑦半内韧带,一部分为内韧带,一部分为外韧带。

8.外套痕和外套窦

外套膜环肌在贝壳内面留下的痕迹称外套痕(pallial impression)。水管肌在贝壳内面留下的痕迹称为外套窦(pallial sinus)。

9. 闭壳肌痕和足肌痕

闭壳肌痕(adductor scar)是闭壳肌在贝壳内面留下的痕迹。等柱类(Isomyaria)即前后有两个等大闭壳肌的种类在贝壳内面留下两个等大的闭壳肌痕,一个称前闭壳肌痕(anterior adductor scar),位于口的前方背侧,另一个称后闭壳肌痕(posterior adductor scar),位于肛门的前方腹侧。异柱类(Anisomyaria)前闭壳肌痕小,后闭壳肌痕大。单柱类(Monomyaria),只有1个后闭壳肌痕,前闭壳肌痕退化消失。足肌痕分前、后两种,前足肌痕多在前闭壳肌附近,后足肌痕多在后闭壳肌的背侧。

10. 前耳和后耳

壳顶前、后方突出的部分称为耳。位于壳顶前方的称前耳(anterior auricle),位于壳顶后方的称后耳(posterior auricle)。

11. 栉孔

栉孔为扇贝类所特有。它是右壳前耳基部的一缺刻,为足丝伸出的孔,称为足丝孔(byssal opening)。在缺刻的腹缘有栉状小齿,故名栉孔。

12. 副壳

某些两壳不能完全闭合,外套膜特别封闭而且有水管的种类,它们常在壳外突出部分产生副壳。有的副壳不属于贝壳而独立存在,也有副壳在贝壳相互愈合而连成1个壳。

13. 贝壳的方向

壳顶尖端所向的一面通常称为前方。多数瓣鳃纲有壳顶至贝壳两侧距离短的一面为前面;一般有1个韧带的一面或有外套窦的一面为后面。单柱类闭壳肌痕所在的一侧为后面。

14. 壳高、壳长和壳宽

一般由壳顶至腹缘的距离为高(贻贝背腹距离较高)。壳长为贝壳前端至后端的距离。壳宽是左右两壳间最大的距离。

15. 原始型鳃

这种类型鳃的构造与腹足类羽状本鳃一样,鳃轴两侧各有一行接近三角形的鳃,这种类型的鳃称为原始型鳃(Protobranchia)。

16. 丝鳃型

鳃叶延长成丝状,每侧的鳃是由2列彼此分离的鳃丝或者依靠纤毛形成的丝间连接(inter filmental junctions)相连,即为丝鳃型(Filibranchia)。进步的种类各鳃瓣向上反折,形成上行板和下行板,板间连接(interlamellar junctions)由结缔组织或血管相连系。

17. 真瓣鳃型

该类型外鳃瓣上行板的游离缘与外套膜内面相愈合,内鳃瓣上行板的前部游离缘则与背隆起侧面相愈合,后部的游离缘通常为两侧瓣鳃上行板相互愈合。这种类型的鳃不仅板间连接是用血管相连系,而且同列鳃丝也已血管相连,称真瓣鳃型(Eulamellibranchia)。

18. 隔鳃型

这种类型的鳃是由身体每侧的两片鳃瓣相互愈合而且大大退化形成的。它在外套腔中形成一个肌肉性的有孔的隔膜,真正营呼吸作用的是外套膜的内表面,称隔鳃型(Septibranchia)。

19. 外套膜简单型

左右两外套膜仅在背部相互愈合,在前缘、腹缘和后缘完全游离。此种类型的外套膜称简单型。

20. 二孔形

左右两外套膜除在背部相愈合外,在外套膜后部尚有一点愈合形成鳃足孔和出水孔,称二孔型(bifora)。

21. 三孔型

在二孔型基础上,还有一点愈合,也就是在第一愈合点的腹前方还有第二愈合点,将鳃足孔分开,前方的为足孔,后方的一个为入水孔,称为三孔型(trifora)。

22. 四孔型

在三孔型基础上进一步又有一个愈合点,形成四孔型(quadrifora)。

三、观察下列标本

1. 胡桃蛤科

左右壳对称,壳较小,呈卵圆形,壳能完全闭合,壳被外皮。壳顶至前端的距离比至后端的距离长,背缘有棱角,壳顶向后方弯曲,铰合部多齿,内韧带小,在中央。代表种如下:

奇异胡桃蛤 *Nucula mirabilis* Adans Reeve:贝壳呈三角卵圆形,前端圆,后端截形。壳皮面绿褐色,布满自壳顶向两侧放射出呈人形的细密肋多条。壳顶向后方有宽而隆起的龙骨,铰合齿为列齿型 。为黄海、渤海、东海习见种类(图1-2-8-2)。

2. 蚶科

两壳相等或不等,被壳皮,多呈绒毛状,外韧带附于一平面上或位于韧带槽中,铰合部直或略呈弧形,具有很多短或片状的齿。齿同形或前后端有差异。足

宽大,无水管,唇瓣简单。代表种类如下:

(1)泥蚶 *Tegillarca granosa*(Linnaeus):贝壳坚厚,卵圆形,两壳相等。壳顶突出,尖端向内卷曲,位置偏于前方。壳表面放射肋发达,有 18～20 条,肋上具显著的颗粒状结节。壳表面白色,被褐色壳皮。双韧带,韧带面宽,呈箭头状。铰合部直,齿多而细密。生活在潮间带至浅海的软泥质或泥沙质海底。我国南北沿海均产(图 1-2-8-3)。

图 1-2-8-2　奇异胡桃蛤

图 1-2-8-3　泥蚶

(2)毛蚶 *Scapharca subcrenata*(Lischke):俗称瓦楞子或毛蛤。贝壳中等大小,壳质坚厚,壳膨胀、呈长卵形,两壳不等,右壳稍小于左壳。壳面放射肋突出,共有 30～34 条。肋上显出方形小结节,此结节在左壳尤为明显。壳面被有褐色绒毛状的壳皮,故名毛蚶。生活于浅海泥沙质海底,分布于我国沿海(图1-2-8-4)。

(3)魁蚶 *Scapharca broughtonii*(Schrenck):贝壳大,斜卵圆形,极膨胀,左右两壳稍不相等,壳顶膨胀突出,放射肋宽,42～48 条,平滑无明显结节。壳面被棕色壳皮。壳内面白色,铰合部直,铰合齿 70 枚。生活在潮间带至浅海软泥或泥沙质海底。分布于我国黄海、渤海和东海(图 1-2-8-5)。

图 1-2-8-4　毛蚶

图 1-2-8-5　魁蚶

（4）橄榄蚶 *Estellarca olivacea*（Reeve）：壳小，长卵圆形，两壳相等。壳表面极凸，壳高与壳宽略等。韧带面呈梭状。壳表面白色，被橄榄色外皮。生长线明显。放射肋细而密。放射线与生长线相交呈布纹状。壳内面灰白色，有与壳表面放射肋相当的细纹。铰合部微弯。具齿 35 枚。前、后闭壳肌痕呈四方形。生活在浅海泥沙滩，我国山东沿海有产（图 1-2-8-6）。

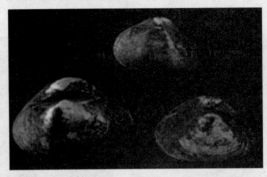

图 1-2-8-6 橄榄蚶

3. 贻贝科

体对称，两壳同形，铰合齿退化，或成结节状小齿。壳皮发达。后闭壳肌巨大，前闭壳肌退化或没有。足小，以足丝附着于外物上生活。代表种如下：

（1）贻贝 *Mytilus edulis* Linnaeus：壳呈楔形，前端尖细，壳顶位于壳的最前端。壳长不及壳高的两倍。壳腹缘直，背缘成弧形，后缘圆而高。壳皮发达，壳表面黑褐色或紫褐色，生长纹细而明显（图 1-2-8-7）。分布于我国的黄、渤海。

图 1-2-8-7 贻贝

（2）翡翠贻贝 *Perna viridis* Linnaeus：贝壳较大，长度约为高度的两倍，壳顶喙状，位于贝壳的最前端。腹缘直或略弯。壳顶前端具有隆起肋。壳表面翠绿色，前半部常呈绿褐色。见于我国东海南部和南海（图 1-2-8-8）。

（3）厚壳贻贝 *Mytilus coruscus* Gould：贝壳大，长为高的两倍，为宽的 3 倍左右。壳呈楔形，壳质厚。壳顶位于壳的最前端，稍向腹面弯曲，常磨损呈白色。贝壳表面由壳顶向后腹部分极凸，形成隆起面。左、右两壳的腹面部分突出形成一个棱状面。壳皮厚，黑褐色，边缘向内卷曲成一镶边。壳内面紫褐色或灰白色，具珍珠光泽。分布于我国黄海、渤海、东海（图 1-2-8-9）。

图 1-2-8-8　翡翠贻贝　　　　　　　　图 1-2-8-9　厚壳贻贝

（4）凸壳肌蛤 *Musculus senhousei*（Benson）：又称寻氏肌蛤，两壳左右对称，薄而小，略呈三角形，壳长约为壳高的两倍，壳顶位于壳前端，腹缘较直，至中后部则稍向内凹。背缘韧带部直，斜向后上方，壳的后半部则成弧形，斜下。贝壳后缘圆，壳面前端具有隆起，壳表面被以黄色或淡绿色的外皮。在隆起的背面自壳顶始至后缘具有许多细淡褐色放射线。产于我国南北沿海（图 1-2-8-10）。

图 1-2-8-10　凸壳肌蛤

(5)光石蛏 *Lithophaga*(*Lithophaga*) *teres*(Philippi)：贝壳细长,略呈圆柱状。壳质薄。壳前端圆而后端扁。壳顶略呈螺旋状,偏于背缘而不位于壳的最前端。近腹缘的壳面上自壳顶斜向壳腹缘末端,具有许多垂直于生长纹的纵肋。壳表面栗褐色,具光泽。壳顶常磨损呈白色。生长纹细密不均匀。贝壳内面灰蓝色,具珍珠光泽。铰合部无齿。分布于我国南海(图 1-2-8-11),穴居与石灰石、贝壳及珊瑚礁中,对港湾建筑和珍珠贝的养殖有害。

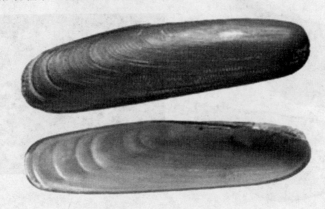

图 1-2-8-11　光石蛏

4.钳蛤科

左右两壳不相等,壳形不甚规则,耳或有或无。铰合部短或特别延长,无齿。韧带常分裂成数个。代表种如下：

丁蛎 *Malleus malleus*(Linnaeus)：壳顶呈丁字形,壳形及壳色有变化,多数呈乳白色,小数为褐色,也有介于乳白或褐色之间者,壳形多变,有正丁字形、歪丁字形,也有半丁字形,贝壳内面珍珠质部较小。闭壳肌痕呈长椭圆形。铰合部只有 1 个韧带沟。有足丝。分布于广东、广西沿海(图 1-2-8-12)。

5.珍珠贝科

两壳不等或近相等,左壳稍凸起,右壳较平,通常具有足丝开孔,壳顶前后通常具耳,后耳较前耳大。贝壳表面通常有鳞片。铰合部直,韧带很长,铰合部在壳顶下面有 1 或 2 个主齿。闭壳肌痕一个位于壳中央。代表种如下：

(1)合浦珠母贝 *Pinctada martensii* Dunker：又名马氏珠母贝。两壳显著隆起,左壳略比右壳膨大,后耳突较前耳突大。同心生长线细密,腹缘鳞片伸出呈钝棘状。壳内面为银白色带彩虹的珍珠层,为当前养殖珍珠的主要母贝。见于我国东海、南海(图 1-2-8-13)。

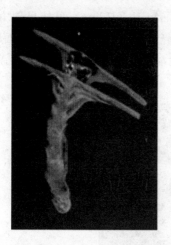

图 1-2-8-12　丁蛎

图 1-2-8-13　合浦珠母贝

　　(2)大珠母贝 *Pinctada maxima*(Jameson)：又名白碟贝，为本属中最大型者，壳高可达 30 cm 以上。壳坚厚，扁平呈圆形，后耳突消失成圆钝状，前耳突较明显。成体没有足丝。壳面较平滑，黄褐色；壳内面珍珠层为银白色，边缘金黄色或银白色。见于我国台湾、海南、西沙群岛和雷州半岛西部沿海（图1-2-8-14）。

　　(3)珠母贝 *Pinctada margaritifera*(Linnaeus)：又名黑碟贝，贝壳体型似大珠母贝，但较小。壳面鳞片覆瓦状排列，暗绿色或黑褐色，间有白色斑点或放射带。壳内面珍珠光泽强，银白色，周缘暗绿色或银灰色。暖海种，见于我国广东、广西和西沙群岛一带（图 1-2-8-15）。

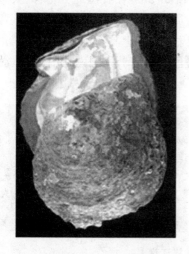

图 1-2-8-14　大珠母贝

图 1-2-8-15　珠母贝

（4）企鹅珍珠贝 *Pteria（Magnavicula）penguin*（Rding）：贝体呈斜方形，后耳突出成翼状，左壳自壳顶向后腹缘隆起。壳面黑色，被细绒毛。壳内面珍珠层银白色，具彩虹光泽。多分布于我国广东沿海，特别是海南周围稍深的海底（图1-2-8-16）。

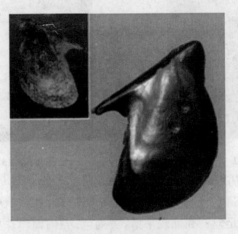

图 1-2-8-16　企鹅珍珠贝

6.江珧科

两壳同大，大型，壳薄脆，壳前端尖细，后端截形，开口广。壳表面具有放射肋，肋上有各种形状的小棘。铰合部长，线形，占背缘全长，无铰合齿。前闭壳肌小，位于壳顶下方，后闭壳肌痕大近于贝壳中央。代表种如下：

（1）栉江珧 *Pinna（Atrina）pectinata* Linneaus：在我国北方俗称"大海红"、"海锨"，广东称"割纸刀"，浙江称"海蚌"。贝壳大，呈三角形，壳顶尖细，背缘直或略凹，自壳顶伸向后端10余条较细的放射肋，肋上具有斜向后方的三角形小棘。韧带发达，无铰合齿。成体多成黑褐色。分布于我国南北沿海，生活于低潮线以下至水深20 m的海底（图1-2-8-17）。

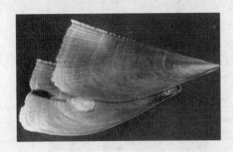

图 1-2-8-17　栉江珧

　　(2)旗江珧 *Pinna vexillun* Rern：贝壳近卵圆形,壳顶尖细。背缘略呈弓形,腹缘仅在壳顶下方弯入,其后逐渐向外突出形成弧形,壳后缘圆。壳表面具黑褐色或紫褐色壳皮,生长轮脉清楚,前闭壳肌痕椭圆形,后闭壳肌痕大,呈马蹄形,位置近贝壳的中部背侧。见于我国南海,肉可食(图 1-2-8-18)。

　　7.扇贝科

　　贝壳呈扇形,壳顶两侧具壳耳,前后耳同形或不同形。背缘略呈直线,右壳的背缘超出左壳。背缘有壳皮质的外韧带,弹性的内韧带位于壳顶中央韧带槽中。代表种如下：

　　(1)长肋日月贝 *Amussiump pleuronectes*：贝壳近圆形,两侧相等,前、后耳小,大小相等,左右两壳表面光滑。左壳表面肉红色,有光泽,具有褐色的细放射线,同心生长线细,壳顶部有花纹。右壳表面纯白色,同心生长线比左壳的更细。左壳内面微紫而带银灰色,右壳内面白色,放射肋较长,有 24～29 条。为南海习见种,可食,其闭壳肌加工干品称带子(图 1-2-8-19)。

图 1-2-8-18　旗江珧

图 1-2-8-19　长肋日月贝

　　(2)日本日月贝 *Amussium japoica*(Gmelim)：贝壳圆形,两侧近等,两壳相等,中央部略向外突出,前后两耳较低小,左壳表面呈淡玫瑰色,近壳顶有小斑点,右壳白色。两壳具同心生长轮脉,贝壳内面,左壳淡咖啡色,右壳白色,而具杏黄色边缘,放射肋 36～45 条,近顶部不明显。内韧带棕褐色,壳顶两边具有一个突起。广东沿海称"飞螺",闭壳肌加工制品称"带子"(图 1-2-8-20)。

　　(3)栉孔扇贝 *Chlamys*(*Azumapecten*) *farreri*(Jones et Prestin)：贝壳一般紫色或淡褐紫,间有黄褐色、杏红色或灰白色。壳高略大于壳长,前耳长度约为后耳的两倍。前耳腹面有一凹陷,形成一孔,即为栉孔。在孔的腹面右上端边缘生有小型栉状齿 6～10 枚。具足丝。贝壳表面有放射肋,其中左壳表面主要放射肋约 10 条,具棘,右壳放射肋较多。分布于黄、渤海(图 1-2-8-21)。

图 1-2-8-20　日本日月贝

图 1-2-8-21　栉孔扇贝

(4)华贵栉孔扇贝 Chlamys(Mimachlamys) nobilis(Reeve):壳面呈淡紫褐色、黄褐色、淡红色或枣红色云状斑纹。壳高与壳长约相等。放射肋巨大,约 23 条。同心生长轮脉细密,形成相当密而翘起的小鳞片。两肋间夹有 3 条细的放射肋。具足丝孔。暖水种,分布于我国东南沿海(图 1-2-8-22)。

(5)海湾扇贝 Argopecten irradians Lamarck:贝壳大小中等,壳表面黄褐色,左、右壳较凸,具浅足丝孔,成体无足丝。壳表面放射肋 20 条左右,肋较宽而高起,无棘。生长纹较明显。中顶,前耳大,后耳小。雌雄同体。自然分布于美国东海岸(图 1-2-8-23),现已引进我国,并在全国进行了养殖。

图 1-2-8-22　华贵栉孔扇贝

图 1-2-8-23　海湾扇贝

(6)虾夷扇贝 Patinopecten (Mizuhopecten) yesoensis Jay:贝壳大型,壳高可超过 20 cm,右壳较凸,黄白色;左壳稍平,较右壳稍小,呈紫黑色,壳近圆形。中顶,壳顶两侧前后具有同样大小的耳突起。右壳的前耳有浅的足丝孔,壳表面有 5～20 条放射肋,右壳肋宽而低矮,肋间狭;左壳肋较细,肋间较宽,有的有网纹雕刻。自然分布于日本和朝鲜(图 1-2-8-24)，现已引进我国，并已成为北方主要养殖品种。

8. 海菊蛤科

两壳不等，坚厚。右壳较大，常用以附着在岩石上。两壳顶距离较远，铰合部有齿 2 枚。右壳铰合部后方有一宽大的三角面。韧带前后两侧各有 1 个。壳面颜色多变，常有强大的棘或其他的突起。代表种如下：

草莓海菊蛤 *Spendylus frgum* Rsve：壳近卵圆形，形如扇贝，壳坚厚，前后耳相似，左壳凸，右壳平，两壳壳顶相距远。右壳壳表面黄白色，略带紫色花纹，放射肋具有很多大小不等且相间排列的片状或刺状突起，形如菊花瓣。右壳表面杏黄色放射肋纹不明显。铰合线直。壳内面灰紫色，每壳具强齿 2 枚，内韧带。分布于我国海南，闭壳肌发达，为制干贝的良种(图 1-2-8-25)。

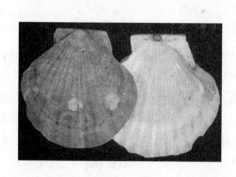 

图 1-2-8-24　虾夷扇贝　　　　　　　图 1-2-8-25　草莓海菊蛤

9. 不等蛤科

贝壳通常呈圆形，左、右两壳不相等。一般右壳较平，左壳凸出。壳质脆而薄，云母状，半透明、壳表面生长线细。后闭壳肌发达，位于贝壳中央。代表种如下：

(1)中国不等蛤 *Anomia chinensis* Philippi：又名李氏金蛤。贝壳近圆形或椭圆形，壳质薄而脆。左壳大，较凸，生活时位于上方，右壳小，较平，生活时位于下方。壳顶不凸出，位于背缘中央。壳缘为圆形，常有不规则的波状弯曲。铰合部狭窄，无齿的分化。右壳近壳顶有一卵圆形足丝孔。左壳表面白色或金黄色。壳内面具珍珠光泽。分布于我国北部沿海(图 1-2-8-26)。

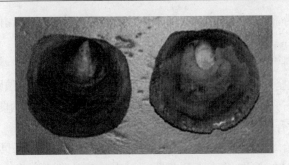

图 1-2-8-26　中国不等蛤

（2）海月 *Placuna placenta*（linnaeus）：又称螺贝和明瓦，贝壳圆形，极扁平，壳质薄而透明。左壳较凸起，右壳平，放射肋及生长线都很细密。近腹缘的生长线略呈鳞片状。壳表面白色。壳内面白，且具云母光泽。右壳有 2 枚齿凸，左壳相应部位形成 2 条凹陷，韧带位于绞合齿和凹陷上。暖水种，海产，分布于我国东南沿海，肉可食用（图 1-2-8-27）。

10.牡蛎科

两壳不等，左壳较大，常附于他物上生活。铰合部无齿，有时具结节状小齿。内韧带。闭壳肌位近中央或后方。外套痕不明显。代表种如下：

（1）褶牡蛎 *Ostrea plicatula* Gmelin：俗称蛎黄，海蛎子。贝壳较小，体形多变化，人多呈三角形。以左壳固着。左壳凹，右壳较平。左壳表面具有同心环状鳞片多层，放射肋不明显。幼小个体鳞片层末端边缘伸出许多舌状凸片或尖棘，成长个体棘渐渐减少。壳面多为淡黄色，杂有紫褐色和黑色条纹。左壳表面具粗壮的放射肋，鳞片层较少。壳内面白色，前凹陷深（图 1-2-8-28）。

固着型贝类。自然分布在潮间带的中区。产于我国南北沿海，肉味鲜美，是我国养殖贝类。贝壳可烧石灰。

图 1-2-8-27　海月

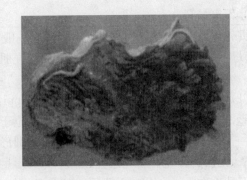

图 1-2-8-28　褶牡蛎

（2）太平洋牡蛎 *Crassostrea gigas*：在我国，又称长牡蛎，贝壳长型，壳较薄，壳长为壳高的3倍左右。右壳较平，鳞片坚厚，环生鳞片呈波纹状，排列稀疏，放射肋不明显。左壳深陷，鳞片粗大。左壳壳顶固着面小。分布于我国沿海（图1-2-8-29）。

（3）密鳞牡蛎 *Ostrea denselamellosa* Lischke：壳厚大，近圆形，壳顶前后常有耳。右壳较平，左壳稍大而凹陷。右壳表面布有薄而细密的鳞片。左壳鳞片疏而粗，放射肋粗大。产于我国南北沿海（图1-2-8-30）。

图1-2-8-29　太平洋牡蛎　　　　　　　图1-2-8-30　密鳞牡蛎

（4）近江牡蛎 *Crassostrea rivularis* Gould：属于巨牡蛎属 *Crassostrea*，又称近江巨牡蛎。贝壳大型而坚厚。体型多样，有圆形、卵圆形、三角形和延长形。两壳外面环生薄而平直的黄褐色或暗紫色鳞片，随年龄增长而变厚。韧带槽长而宽。广泛分布于我国南北沿海（图1-2-8-31）。

（5）大连湾牡蛎 *Crassostrea talienwhanensis* Crosse：又称大连湾巨牡蛎。壳大型，中等厚度，椭圆形，壳顶部扩张成三角形，右壳扁平，壳表面具水波状鳞片；左壳坚厚，凹陷较大，放射肋粗壮。韧带槽牛角形。闭壳肌痕近圆形，多为紫褐色。分布于我国黄、渤海（图1-2-8-32）。

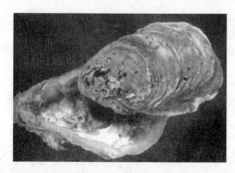

图1-2-8-31　近江牡蛎　　　　　　　图1-2-8-32　大连湾牡蛎

四、作业

(1)熟记瓣鳃纲的分类术语。

(2)写出所观察贝类的分类地位(纲、亚纲、目、科、属、种)。

实验九　瓣鳃纲古异齿亚纲、异齿亚纲、异韧带亚纲的分类

一、目的和要求

通过学习瓣鳃纲的分类，初步掌握其方法，认识常见经济种类，熟记分类术语。

二、观察下列标本

1. 蚌科

两壳相等，壳形多变化，铰合部多变化，有时具拟主齿。外韧带。全为淡水。代表种如下：

（1）背瘤丽蚌 *Lamprotuta leai* （Gray）：俗名猪耳蚌、蹄蚌、麻皮蚌等。壳形较大，壳质厚而坚硬，外形卵圆形，贝类前部短而圆。后部扁而长。背缘略直至后缘急转直下形成钝角。腹缘呈弧形。壳面呈深褐色或暗灰色。满布瘤状结节，瘤状结节常连成条状，与后缘的肋接联成人字形，贝类内面具珍珠光泽，左壳具拟主齿及侧齿各 2 枚。右壳具拟主齿及侧齿各 1 枚。是我国江河湖泊中的习见种类。见图 1-2-9-1。

（2）背角无齿蚌 *Anodonta woodiana woodiana*（Lea）：贝壳大型，铰合部无齿。左右两壳略膨胀。外形呈卵圆形。贝壳前部钝圆，后部略斜直。腹缘呈一大的弧形。壳顶稍膨胀，位于背缘近前端。壳面光滑。生长纹细密。壳表面呈黄绿色或黑褐色。有时具绿色的放射线，贝壳内面呈浅蓝色，橙红色，紫色等光泽。前后闭壳肌痕明显。广泛分布于我国江河，湖泊，沟渠，池塘，水库中，肉可食用。见图 1-2-9-2。

图 1-2-9-1　背瘤丽蚌　　　　　　　图 1-2-9-2　背角无齿蚌

（3）三角帆蚌 *Hyriopsis cumingii*（Lea）：贝壳扁平，大型，外形略呈不等边三角形。前背缘向前缘倾斜，至端部成一尖角，背缘向后背方充分伸展形成一扬起的三角形帆状后翼，腹缘略呈弧形。壳面呈黑色，深褐色。生长纹明显，呈同心圆形状排列。三角形翼部之下的后背嵴有数条斜形粗肋。左壳具拟主齿及侧齿各 2 枚，右壳具 2 枚拟主齿和 1 条状的侧齿。贝壳内面珍珠光泽绚丽。三角帆蚌是我国的特有种，育珠的优良品种。见图 1-2-9-3。

2.蚬科

壳坚固，或多或少膨胀，体型呈球形，外被橄榄发光外皮，壳面有环沟，每壳具 2～3 枚分裂的主齿，侧齿有变化。外韧带。代表种如下：

河蚬 *Corbicula fluminea*（Muller）：俗称黄蚬。贝壳中等大小。两壳膨胀，壳顶稍偏向前方。前缘圆，后缘稍成角度，背缘略成八字形，腹缘成半圆形。壳表面颜色常因环境的差异而不同。生长纹粗糙。珍珠层紫色。绞合部发达。左壳具 3 枚主齿，前后侧齿各 1 枚；右壳具枚主齿，前后侧齿各 2 枚。广泛分布在我国各省的淡水湖泊、池塘及咸淡水交汇的江河口。见图 1-2-9-4。

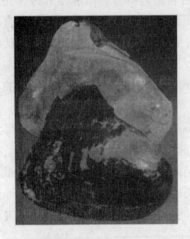

图 1-2-9-3　三角帆蚌

图 1-2-9-4　河蚬

3.稜蛤科

两壳相等，前、后端均延长，背腹距离较短。铰合部有主齿 2～3 枚，侧齿 1 枚，或前或后。代表种如下：

纹斑稜蛤 *Trapezium*（*Neotrapezium*）*liratum*（Reeve）：壳近长方形，壳顶低，位于前方。壳顶至后腹角稍隆起，腹缘中央凹下，壳面生长纹粗糙。营足丝附着生活，左、右壳各具主齿 2 枚，侧齿 1 枚。壳表面白色，夹杂紫色，无放射肋。壳内面白色、浅橙黄色或紫色。分布于我国黄、渤海。见图 1-2-9-5。

4. 鸟蛤科

壳扇形,略呈心脏形,两壳相等,通常膨胀,壳面有放射肋,壳缘有锯齿。铰合部有主齿 1～2 枚,侧齿变化大。代表种如下:

(1) 滑顶薄壳鸟蛤 *Fulvia mutica*(Reeve):贝壳近圆形,壳长稍大于壳高。壳质薄脆。壳顶位于背缘中央,壳顶突出,尖端微向前弯。韧带突出。左壳主齿 2 枚,前后排列。右壳主齿 2 枚,背腹排列。壳表面极凸,黄白色或略带黄褐色。放射肋有 46～49 条,沿放射肋着生壳皮样绒毛。壳内面白色或肉红色。前闭壳肌痕较大,后闭壳肌痕小。见图 1-2-9-6。

生活于潮间带至数十米的浅海。产于我国黄海以北,日本、朝鲜也有分布。肉可供食用或作为鱼虾饵料。产量较小。

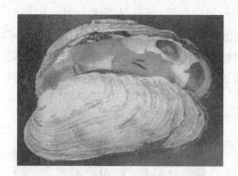

图 1-2-9-5 纹斑稜蛤

图 1-2-9-6 滑顶薄壳鸟蛤

(2) 加州扁鸟蛤 *Clinocardium californiense*(Deshayes):贝壳大,成贝壳长可达 50 mm,壳质坚厚。壳表面有暗褐色壳皮。放射肋粗壮隆起,38 条左右,肋上无绒毛。壳表面有很明显的呈年轮状的生长线。外韧带强大,黑褐色。一般生活在水深 10～100 m 的浅海底。分布于我国的黄海北部和中部。见图 1-2-9-7。

图 1-2-9-7 加州扁鸟蛤

5.砗磲科

贝壳极大,厚重,两壳同形,前端截形。壳面放射肋粗壮。外韧带。足丝孔大,位于壳顶前方。铰合部有主齿1～2枚及侧齿1～2枚。代表种如下:

(1)鳞砗磲 *Tridacna squamosa* Lamarck:贝壳大,卵圆形。两壳大小相等。壳厚重。脊缘稍平。壳顶位于贝壳中央,壳顶前方有一足丝孔。外韧带较长。生长线细密。具有4～6条强大的放射肋,肋上有宽而翘起的大鳞片。贝壳内面白色。铰合部长,右壳有1主齿和2个并列的后侧齿;左壳主齿和后侧齿各1个。见图1-2-9-8。

暖水种,海产。栖息在潮间带珊瑚礁间,贝壳大部分埋入珊瑚礁内,产于我国海南和西沙群岛,为印度—太平洋广布种。肉供食用,贝壳可制作观赏品。

(2)长砗磲 *Tridacna maxima* Roding:贝壳坚厚,呈长卵圆形。腹缘呈弓形弯曲。壳顶前方有长卵圆形的足丝孔。足丝孔周围有排列稀疏的齿状突起。韧带长。壳面有向前方斜走的强大的鳞片放射肋5～6条,直达腹缘。放射肋之间有细的肋纹。贝壳内面白色,边缘呈淡黄色。铰合部长。右壳具主齿1枚,并列的侧齿2枚,左壳主齿1枚,后侧齿1枚。生活在浅海珊瑚间,产于我国海南和细沙群岛。见图1-2-9-9。

图 1-2-9-8　鳞砗磲

图 1-2-9-9　长砗磲

6.帘蛤科

两壳相等,壳顶倾向前方。壳表面常有各种雕刻,铰合部通常有主齿3枚,侧齿有变化。代表种如下:

(1)日本镜蛤 *Dosinla*(*phacosona*)*japonica*:贝壳近圆形,较扁平。壳长略大于壳高。壳顶小,尖端向前弯曲。小月面凹,成心脏形。盾面狭长,呈披针状,贝壳背端前缘凹入,背缘后端呈截形,腹缘圆。外韧带陷入两壳之间。壳面白色。生长轮脉明显。绞合部宽，两壳各具主齿3枚，外套窦深。我国南北沿海习见种类。肉可食。见图1-2-9-10。

(2)紫石房蛤 *Saxidomuspuratus* Cowerby：俗称天鹅蛋。贝壳卵圆形，壳顶突出。位于背缘的偏前方，小月面不明显。盾面被外韧带覆盖，外韧带突出，壳前缘圆状。腹缘较平，后缘略呈截形。两壳关闭时在前缘腹侧和后缘各保留一狭缝状开口。左壳主齿4枚，右壳主齿3枚，前侧齿2枚。生长线粗壮。壳表面灰色、泥土色或染以铁锈色。分布于我国黄、渤海，是人工增养的对象。见图1-2-9-11。

图1-2-9-10　日本镜蛤

图1-2-9-11　紫石房蛤

(3)菲律宾蛤仔 *Ruditapes philippiarum*：贝壳呈卵圆形，具有前倾的壳顶，壳顶至贝壳前端的距离约等于贝壳全长的1/3。小月面椭圆形或略呈梭形，盾面梭形。贝壳前端边缘椭圆，后端边缘略呈截形。壳表面灰黄色或深褐色，有的带褐色斑点。壳面除了同心生长轮外，还有细密的放射肋，放射肋与生长线交错形成布纹状。每壳有主齿3枚，左壳前2枚与右壳后2枚顶端分叉。分布于我国南北沿海，是我国主要养殖贝类。见图1-2-9-12。

(4)文蛤 *Meretrix meretrix* (Linnaeus)：贝壳略呈三角形，腹缘圆弧形，两壳大小相等，壳长略大于壳高，壳质坚厚。壳顶凸出，位于背部稍靠前方。小月面狭长，呈矛头状，盾面宽大。韧带粗短，黑褐色，凸出于壳面。壳表面被有一层浅黄色或红褐色光滑似漆的壳皮，同心生长轮脉清晰。从壳顶开始常有环形褐色带，贝壳近背部有锯齿状或波纹状的褐色花纹。右壳具3个主齿和2个前侧齿，左壳具3枚主齿和1个前侧齿。我国沿海习见种，肉味鲜美。见图1-2-9-13。

图 1-2-9-12　菲律宾蛤仔　　　　　　　图 1-2-9-13　文蛤

（5）青蛤 *Cyclina sinensis*（Gmelin）：贝壳近圆形，壳面极凸出，宽度较大。壳顶突出，尖端弯向前方，无小月面，盾面狭长。韧带黄褐色，不突出壳面。生长纹明显，无放射肋。壳表面淡黄色或棕红色，生活标本常为黑色。贝壳内面边缘具整齐的小齿稀而大。左、右两壳各具主齿 3 枚。我国南北沿海习见种类。见图 1-2-9-14。

（6）硬壳蛤 *Mercenaria mercenaria*：又称北方帘蛤或美洲帘蛤，壳外形呈三角卵圆形，后端略突出，壳表面平滑，后缘青色，壳顶区为淡黄色，壳缘部为褐色或黑青色。见图 1-2-9-15。

原分布于美国的东海岸，是美国沿岸浅海和滩涂主要的经济双壳贝类之一，近几年引入我国。

图 1-2-9-14　青蛤　　　　　　　　　图 1-2-9-15　硬壳蛤

（7）波纹巴非蛤 *Paphia*（*Paratapes*）*undulata*（Born）：壳呈长卵圆形。壳表面光滑，壳薄具光泽，黄白色至淡紫色，同心生长轮脉明显、致密，有呈人字形相互联系成的网目状花纹。壳内面为淡紫红色。外韧带。小月面窄，披针状。外套窦短。

营埋栖生活。多数栖息于低潮区至水深 40 m 左右的泥沙底中,产于我国福建、广东和广西沿海。见图 1-2-9-16。

(8)江户布目蛤 *Protothaea jedoensis* Lischke:俗称麻蚬子,贝壳坚硬,略呈卵圆形,长度略大于高度。小月面心脏形,盾面披针形。韧带铁色,不凸出壳面。壳表面有许多粗的放射肋及深陷的生长纹交织成布目状,灰褐色,常带有褐色斑点或条纹。贝壳内面周缘具有细齿列,左、右壳主齿各 3 枚,两壳均无侧齿。分布于我国南北沿海。见图 1-2-9-17。

图 1-2-9-16　波纹巴非蛤

图 1-2-9-17　江户布目蛤

(9)凸加夫蛤 *Gafrarium tuidum* Roding:贝壳凸,两壳大小相等,两侧不等。壳顶位于背缘靠近前方。贝壳表面黄褐色或黄白色,同心生长轮脉细密,由壳顶向腹面延伸出许多条粗壮带有粒状突起的放射肋,当中几条在贝壳中部分叉成对排列,在几条放大的肋之间具有细肋,肋间沟宽。两壳各具主齿 3 个,左壳前侧齿 1 个。壳内缘具锯齿。为广东沿海习见种。见图 1-2-9-18。

图 1-2-9-18　凸加夫蛤

（10）等边浅蛤 *Comphina*（*Macridiscus*）*veneriformis*（Lamarck）：贝壳略呈等边三角形，前缘稍钝，后缘铰尖，腹缘呈弧形。壳顶位于贝壳背缘的中央。小月面狭长，呈披针状；盾面不明显。外韧带短而粗。贝壳表面无放射肋，生长线明显。壳表面淡黄色或棕黄色，具锯齿状或斑点状花纹，通常具放射状色带 3～4 条。两壳主齿各 3 枚。栖息于潮间带中下区至浅海的砂质中，广泛分布于我国沿海。见图 1-2-9-19。

（11）缀锦蛤 *Tapes literata*（linnaeus）：两壳相等，两侧不等。壳稍扁平。两壳壳顶相接，并微向前内方弯曲。小月面不明显，盾面狭长，呈披针形。贝壳表面黄白色，遍布锯齿形网状花纹或三角形棕色斑点，同心生长线明显。左、右壳各具主齿 3 枚。右壳的中、后主齿二分叉，左壳的中央齿二分叉。外套痕明显，外套窦深。生活在浅海砂质海底，产于我国南海。见图 1-2-9-20。

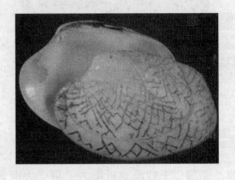

图 1-2-9-19　等边浅蛤　　　　图 1-2-9-20　缀锦蛤

7. 蛤蜊科

两壳相等，称钝三角形，韧带分两部分，一部分为外韧带，一部分为内韧带。位于壳顶内方槽中，右壳前方 2 个主齿，一般呈八字形，侧齿不定。代表种如下：

（1）四角蛤蜊 *Mactra meneriformis* Reeve：俗称白蚬子，贝壳薄，略呈四角形，两壳极膨胀。贝壳具壳皮，顶部白色，近腹缘为黄褐色。腹面边缘常有一很窄的黑色边。生长线明显。形成凹凸不平的同心环纹。左壳有 1 枚分叉的主齿，右壳具 2 枚主齿，两壳前后侧齿发达。外韧带大，陷于主齿后的韧带槽中。外套痕清楚，外套窦不深。广布于我国沿海。是养殖贝类。见图 1-2-9-21。

（2）中国蛤蜊 *Mactra chinensis* Philippi：贝壳较坚厚，略呈椭圆形，左、右两壳相等，壳面无放射肋，生长线明显呈凹线形，在壳顶处细致，至边缘逐渐加粗。壳表面光滑，顶部呈淡蓝色，腹面为黄褐色，并具放射状黄色带。内韧带黄褐色。左、右两壳各具主齿 2 枚，左壳前后各有 1 枚片状侧齿，右壳前后各有 1 枚双片侧齿。外套痕明显,外套窦深而钝。为黄、渤海习见种类。见图 1-2-9-22。

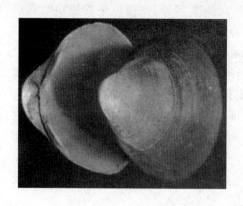

图 1-2-9-21　四角蛤蜊　　　　　　　　图 1-2-9-22　中国蛤蜊

(3)西施舌 *Mactra antiquata* Spengler:壳脆薄,呈圆三角形。壳表面光洁,具有黄褐色发亮壳皮,顶部为淡紫色。壳内面淡紫色或白色。内韧带极发达。为太平洋西部广布种,印度半岛、中国、日本沿海均有分布。

在我国尤以福建闽江口一带产量较多。生活在低潮区至水深 7 m 处的细砂或砂泥底质,营埋栖生活。见图 1-2-9-23。

(4)大獭蛤 *Lutraria maxima* Jonas:贝壳长椭圆形。壳顶小,而且偏前。壳的前后端圆,有开口。壳表面有很多细轮脉,壳呈淡白黄色,被有暗褐色的壳皮(常脱落)。壳内面白色,有光泽。前后闭壳肌痕近圆形。外套窦深。铰合部下垂。内韧带发达。后侧齿退化,仅留残缺。见于我国南海。见图 1-2-9-24。

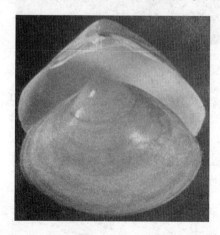

图 1-2-9-23　西施舌　　　　　　　　图 1-2-9-24　大獭蛤

8.紫云蛤科

两壳相等,呈长卵圆形,壳质薄而脆,两侧微不等,壳顶位于背缘中部靠后方。主齿2枚,无侧齿,外套窦深。代表种如下:

(1)双线血蛤 Sanguinolaria(Psammotaea) diphos(Liannaeus):俗称砂施。贝壳呈长椭圆形,两侧微不等。前端较后端略短,前后端微开口。贝壳前方边缘圆,后方边缘略呈截形。壳表面被有黄褐色或咖啡色壳皮,常常脱落,露出白色和紫灰色贝壳。同心生长线细密。自壳顶向后腹面延伸2条不明显的浅色放射带。外韧带短而凸出。壳内面呈紫色。两壳各有主齿2枚。外套痕清楚,外套窦深而狭。

埋栖于潮间带细砂的底质中。产于我国东海和南海,系太平洋西部热带及亚热带海区分布的种类。肉味鲜美。见图1-2-9-25。

(2)尖紫蛤 Sanguinolaria acuta Cai et Zhuang:贝壳较厚,后端尖瘦。无放射肋或者放射肋极不明显。外套窦背线隆起,宽大,呈舌状,深达壳长的3/4左右。外套膜腹缘呈圆棒状,长、短相间,单行,排列稀疏。外韧带。被橄榄色壳皮。栖息于河口附近潮间带的泥沙滩,见于我国东海和南海。见图1-2-9-26。

图1-2-9-25 双线血蛤

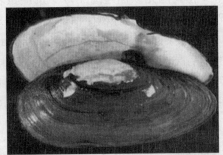

图1-2-9-26 尖紫蛤

(3)橄榄血蛤 Sanguinolara(Nuttallia) olivacea(Jay):又称紫彩血蛤,壳近圆或椭圆形。壳质薄而扁。左壳凸,右壳平。韧带下有由壳背缘凸出形成的脊状物。铰合部狭窄,左、右壳各具主齿2枚。壳表面具紫褐色、橄榄色或棕色壳皮,有光泽,高出壳顶。生长纹细微。无放射肋,但隐约可见几条浅色放射状彩带。壳内面紫色。各肌痕明显。外套窦深而大。栖息于中、下潮区的细沙内。见于黄、渤海。见图1-2-9-27。

9.樱蛤科

壳侧扁,左右相等。壳后方常有开口,壳质稍薄,每壳至多有主齿2枚,侧齿

有变化,韧带在外侧,明显,水管长。代表种如下:

图 1-2-9-27 橄榄血蛤

(1)彩虹明樱蛤 *Moerella iridescens*(Benson):贝壳长卵形,前端边缘圆,后端背缘斜向后腹方延伸,呈截形。两壳大小近相等,两侧稍不等,前端较后端略长,贝壳后端向右侧弯曲。贝壳表面光滑,灰白色,略带肉红色,有彩虹光泽。外韧带凸出,黄褐色。同心生长轮脉明显、细蜜、在后端形成褶襞。贝壳内面与表面颜色相同,铰合部狭,两壳各具 2 个主齿,呈倒 V 字形。右壳前方有 1 个不甚发达的前侧齿,左壳侧齿不明显。闭壳肌痕明显,前闭壳肌痕呈梨形,后闭壳肌痕呈马蹄形。外套痕明显,与外套窦腹线汇合。外套窦极深,其先端几乎与前闭壳肌相连。在我国,南北沿海均有发现,盛产于浙江、福建。见图 1-2-9-28。

图 1-2-9-28 彩虹明樱蛤

(2)透明樱蛤 *Merisca diaphana*(Deshayes):又称透明美丽蛤。壳呈三角椭圆形。两壳近相等,两侧微不等。壳顶至前端略长。自壳顶向后腹面斜伸呈截形。贝壳白色。壳表面具有稍微凸起的同心生长轮脉,壳前部的轮脉整齐、平滑,后部的凸起较高,呈波纹状弯曲。贝壳后端表面具棱角,右壳较左壳明显。

壳内面白色。两壳各具主齿 2 枚。右壳前主齿小,后主齿大,左壳相反。右壳侧齿明显,左壳不发达。为我国东、南沿海较习见的种类。见图 1-2-9-29。

图 1-2-9-29　透明樱蛤

10. 竹蛏科

两壳相等,壳质脆薄。体形呈柱状或长卵形,两壳多少开口,壳顶低,韧带在外方,铰合齿多变化,一般 1～3 个,无侧齿,均海产。代表种类如下:

(1)缢蛏 *Sinonovacula constricta*(Lamarck):贝壳呈长圆柱形,壳质脆薄。两壳不能全部开关。贝壳前后端开口,足和水管由此伸出。前端稍圆,后端呈截形。背腹面近于平行。壳顶位于背部略靠前端。壳表面具黄褐色壳皮,生长纹明显。贝壳中央自壳顶至腹缘有一条微凹的斜沟,形似被绳索勒过的痕迹,故名缢蛏。广泛分布于我国沿海,为我国重要养殖贝类。见图 1-2-9-30。

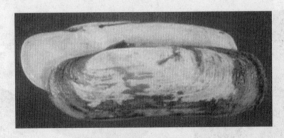

图 1-2-9-30　缢蛏

(2)大竹蛏 *Solen grandis* Dunker:贝壳呈竹筒状,两端开口,壳质薄脆。壳长为壳高的 4～5 倍。壳顶位于壳的最前端。壳前缘截形。后端圆。壳背腹缘互相平行。铰合部小,两壳各具主齿 1 枚。壳表面被黄褐色壳皮,生长线明显,沿后缘及腹缘方向排列。壳内面白色或稍带紫色。前闭壳肌痕长形,后闭壳肌痕三角形。见于我国南北沿海,重要经济贝类。见图 1-2-9-31。

图 1-2-9-31 大竹蛏

（3）长竹蛏 *Solen gouldii* Conrad：体呈长圆柱形，极延长，贝壳脆而薄。壳高度为壳长度的 1/8～1/7。壳顶位于壳的前端，不凸出。贝壳的前、后端均开口，后端比前端开口较大。两者的连接处为背方，其相对的壳缘为腹缘。贝壳的背、腹近于平行。壳的前端为截形，壳的后端呈圆形。两壳之间有韧带联结，具有联系两者使之开启作用，外韧带呈黑褐色。贝壳表面光滑，披有黄褐色外皮，壳顶周围壳皮常脱落。壳表面有较明显的生长纹，这些生长纹的距离不等，可作为推算其生长速度快慢和年龄的参考。壳内面为白色或淡黄褐色。各肌痕明显，铰合部小，两壳各具主齿 1 枚。产于我国南北沿海。见图 1-2-9-32。

图 1-2-9-32 长竹蛏

（4）辐射荚蛏 *Siliqua radiata*（Linnaeus）：贝壳呈长椭圆形。壳长约为壳高的 2.5 倍。壳顶位于靠前端的 1/4 处。背缘直，腹缘凸出，两端圆形。贝壳淡紫色，有 4 条白色带自壳顶射出。生长纹精细清楚。栖息于浅海砂质海底，源于我国南海。见图 1-2-9-33。

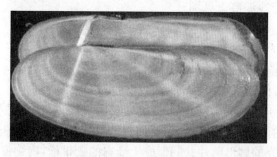

图 1-2-9-33 辐射荚蛏

（5）小刀蛏 *Cultellus attenuatus* Dunker：贝壳近刀形，壳表面平滑，被有一层淡黄色的壳皮，由壳顶至后腹缘有一条斜线。壳内白色或略呈粉红色，有1条细长的突起与背缘平行；铰合部右壳有主齿2枚；左壳3枚。分布于我国南北沿海。见图1-2-9-34。

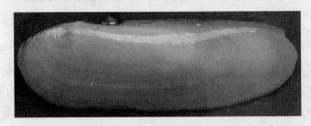

图1-2-9-34 小刀蛏

11. 绿螂科

壳薄，前后延长，呈长卵圆形。两壳能够紧闭，外被绿色的壳皮。铰合部比较狭窄。每壳有主齿3枚，其中1枚分叉，没有侧齿。外韧带长。外套窦狭而深，唇瓣大，呈宽镰刀状，水管长，愈合。足较小，呈舌状。淡水和咸淡水产。

中国绿螂 *Glauconome chinensis* Gray：壳呈长卵圆形，由壳顶向前的距离约占贝壳全长的1/3。贝壳前缘圆，后端尖瘦，腹缘平直。表面被有褐绿色壳皮，生长线明显，在腹侧常呈褶皱状。韧带短，黄褐色。壳内面白色，铰合部具主齿3枚，左壳中央主齿和右壳后主齿较大，端末分叉。前闭壳肌痕长卵圆形，后闭壳肌痕近方形，外套窦深达壳的中部。先端翘向背侧。分布于我国南北沿海有淡水注入的潮间带沙泥底。见图1-2-9-35。

图1-2-9-35 中国绿螂

12. 海螂科

两壳不等，前后端或后端有开口。壳皮被皱皮。铰合部小，铰合齿或有或无。左壳的韧带槽常呈三角形，突出。代表种类如下：

砂海螂 *Mya arenaria* Linnaeus：贝壳长卵圆形，两壳壳顶紧接。铰合部狭窄。左壳壳顶内面具1个向右壳顶下伸出的匙形薄片；右壳的壳顶下方有一卵圆形凹陷，与左壳的匙形薄片共同形成1个扁的韧带槽，内韧带附其中。壳表面被黄色或黄褐色壳皮。壳表面粗糙，生长线明显，两壳关闭时，前后均有开口。

产于我国黄渤海。见图1-2-9-36。

13.蓝蛤科

两壳不等，左壳常较小。两侧接近对称，或后方多少呈截形。壳表面少具雕刻，被壳皮。每壳有一明显主齿，左壳主齿与韧带槽相连，内韧带甚小。代表种如下：

（1）红肉河蓝蛤 *Potamocorbula rubromuscula* Zhuang ct Cai：个体小，壳脆而薄，呈长卵圆形。左右两壳不等大，左壳略小，背前缘约为壳长的1/3。无小月面和楯面。内韧带黄褐色。壳表面黄白色，被一层皱褶的壳皮。生长纹细密，无放射肋。壳内面灰白色而略有光泽。铰合部窄，右壳有1枚主齿，其后为三角形韧带槽，左壳有1枚突出的主齿，与右壳的槽相吻合构成内韧带的附着处。外套痕不明显。分布于广东的潮阳到汕头一带沿海。见图1-2-9-37。

图1-2-9-36　砂海螂

图1-2-9-37　红肉河蓝蛤

（2）黑龙江河蓝蛤 *Potamocorbula amurensis*（Schrenck）：壳呈卵圆形至长卵圆形。质薄而轻。壳表面具黄褐色的壳皮。两壳不等。右壳腹缘的中、后部明显卷包在左壳缘之上。左壳壳顶后端高度小于前端高度。腹缘稍圆，后端略呈截形。壳顶位于背缘中央稍偏前方。壳内呈灰白色。右壳具三角形主齿1枚，齿后为韧带槽；左壳后主齿与韧带槽突起相愈合。内韧带呈黑褐色。前闭壳肌痕呈长梨形；后闭壳肌痕近圆形。生活在江河口软泥质底。见于我国沿海。见图1-2-9-38。

图1-2-9-38　黑龙江河蓝蛤

14.缝栖蛤科

两壳相等,有时壳形不规则。两端常开口。外韧带。外套膜大部分愈合,水管长。足小,有足丝。海产。

象鼻蚌 *Panopea abrupta*:壳近椭圆形,大而薄脆,以韧带铰合部相连,铰合部有铰合齿,通常左壳上的铰合齿大些。壳上有生长轮纹。成体软体部大,特别是粗大而有伸缩性的虹管伸出壳外,觅食时可伸长达 1 m 左右。见图 1-2-9-39。

分布于北美洲的太平洋沿海,从华盛顿州沿着加拿大的西海岸直到阿拉斯加州的南部沿海。自潮下带至 110 m 水深的泥质、砂质、贝壳等形成的柔软底质均有分布。

图 1-2-9-39　象鼻蚌

15.鸭嘴蛤科

壳薄,近半透明。两壳不等时,右壳比左壳大。后方带开口,壳顶有裂缝,壳表面常具极微的粒状突起。铰合部无齿,有一突起的匙状韧带槽。代表种如下:

渤海湾鸭嘴蛤 *Laternula marilina*(Reeve):壳呈长卵圆形。前端圆而高,逐渐向后缩小。后端钝圆。壳质薄脆,灰白色,半透明。两壳近相等或左壳稍大于右壳,闭合时前、后端开口。壳顶紧密接近,各具 1 条横裂。表面无放射肋,具有同心生长纹和粒状突起,壳内具云母光泽。韧带槽前具 V 形石灰板。外套窦宽大,近半圆形。见于我国沿海。见图 1-2-9-40。

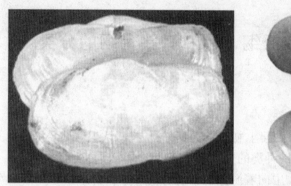

图 1-2-9-40　渤海湾鸭嘴蛤

三、作业

写出所观察贝类的分类地位（纲、亚纲、目、科、属、种）。

实验十　多板纲、掘足纲、头足纲的分类

一、实验目的和要求

(1)通过学习多板纲、掘足纲,初步掌握其分类方法,认识常见经济种类。要求记住每一种的特征和经济种类的分类地位,熟记分类术语。

(2)头足纲是软体动物中向着游泳生活发展的一个类群。由于采取主动适应的生活方式,各器官均非常发达,形态十分特化。它能主动捕食较大的生物,也能巧妙地逃避强大的的敌人。通过本次实验,我们将了解其各种游泳类型,并了解其代表种的基本构造。

二、多板纲、掘足纲、头足纲的形态、术语和分类

(一)多板纲(Polyplacophora)

多板纲外形见图 1-2-10-1,角贝各部位名称见图 1-2-10-2,头足纲形态见图 1-2-10-3。

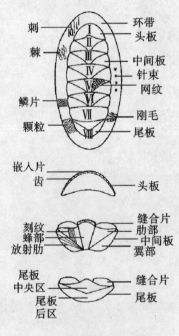

图 1-2-10-1　多板纲外形模式图

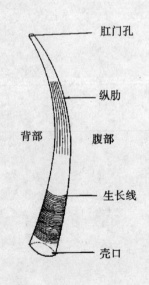

图 1-2-10-2　角贝各部位名称模式图

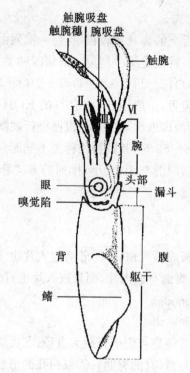

图 1-2-10-3　头足纲身体各部分模式图

1. 分类的主要依据和术语

(1) 贝壳:

1) 头板、尾板和中间板:多板类壳板共 8 块,按照壳板的形状和排列的前后分为三种:①头板:位于身体前端,呈半月形;②尾板:位于身体后端,呈元宝形;③中间板:位于头板和尾板中间。

2) 缝合片:除头板外,在每一壳板的前面两侧都有一片白色、光滑而较薄的物质,称为缝合片。有的种类在左、右两个缝合片中间还有小齿。

3) 嵌入片:在头板的腹前方、中间板的腹面两侧和尾板的后部有嵌入片。嵌入片有的分齿,有的不分齿。

4) 蜂部、肋部和翼部:每一块壳板按外形可分为三部分:中央隆起部为蜂部,壳板前侧方为肋部,壳板后侧方为翼部。

贝壳作为分类依据时主要根据:嵌入片的有无,分不分齿裂;壳板是连续的,还是分开的;壳板的大小和花纹,肋部、翼部是否明显。

(2) 环带:多板类的身体背面四周有一圈外套膜,称为环带。环带上有各种小磷、小棘和针束等附属物。环带的大小及其上面附属物的形状、大小、排列方式等,都是分类的参考。

(3)齿舌:多板类齿舌上的齿片数较稳定,每一横列由 17 个齿片构成。虽然数量较固定,但齿片形状,特别是第一侧齿的形状因种类不同,往往有差异,也是分类的根据。齿式:(3+1)(2+1)(1·1·1)(1+2)(1+3)

为了更清楚地看到齿舌,一般用 5%～10%的 KOH 加热烧去肌肉,或者放入洗液一会儿(让其刚卷曲即取出)去肌肉,以便进行观察。

(4)鳃:鳃的数目为 6～88 对,其数目因种类不同而异。

(5)微眼(贝壳眼):微眼的有无、大小、排列的方式和数目随种类而不同,它们都是分类中的参考依据。

2.分类

共分两个目。

(1)鳞侧石鳖目:壳板腹面无嵌入片,若有嵌入片也无齿。

(2)甲石鳖目:壳板腹面有嵌入片,而且嵌入片也有分齿。

(二)掘足纲(Scaphopoda)

1.分类的主要依据和术语

(1)贝壳:①壳口的直径是否为全壳最大直径;②贝壳横断面的形状(圆形还是多角形);③壳面光滑与否(有的有肋);④肛门孔的形状和花纹。

(2)足:足部的形状是分科的主要根据之一。角贝科足呈圆柱状,并具有两个翼状的侧叶;管角贝足呈蠕虫状,末端有一个锯齿状的盘,有的种类在盘的中央有一指状突起。

(3)齿舌:掘足类的齿式为 1·1·1·1·1,但中央齿的形状变化很大,是分类的根据之一。

(4)唇瓣:有无。

2.分类

(1)角贝科(Dentaliidae):贝壳以壳口的直径为最大,足圆柱状,末端尖,有唇瓣,中央齿长形。

(2)管角贝科(Siphonodentaliidae):贝壳以中部的直径为最大,足末端呈圆盘状,无唇瓣,齿舌中央齿几近方形。

(三)头足纲(Cephalopoda)

1.分类依据

(1)鳃的数目:四鳃类和二鳃类。

(2)腕:①数目:四鳃类约 90 个;二鳃类 8(八腕目)或 10 个(十腕目)。②长短:二鳃类的腕都是左右对称的,腕的长短随种类而不同,如长蛸为 1＞2＞3＞

4,无针乌贼为 4>1>2>3,双喙耳乌贼为 2=3>1=4。③茎化腕：茎化部位,顶端、基部、全腕茎化；茎化方式,腕的长短缩小、一侧膜加厚、末端形成端器、吸盘大小和数目有变化；第几腕茎化,章鱼右三,乌贼、枪乌贼、无针乌贼左四,微鳍乌贼第四对两个腕都茎化。④触腕：能否完全缩入囊内(乌贼能,枪乌贼不能)。⑤吸盘结构：十腕目吸盘腔内角质环上齿的形状和数目。⑥腕间膜深度的排列方式。

(3)漏斗：①漏斗是否形成完整的管子；②水管内舌瓣的有无(八腕目无)和漏斗器的形状(乌贼倒 V 形,短蛸 W 形,长蛸 X 形)；③闭锁器的形状,有无软骨结构。

(4)眼：假角膜上有无小孔(十腕目大王乌贼眼与外界相通)。

(5)贝壳：①壳的有无及类型；②有外壳者隔壁以凹面(鹦鹉螺目)或凸面(菊石日)对向壳口。

(6)鳍：周鳍型、中鳍型、端鳍型。

(7)头部与胴部的连接方式：十腕目仅以闭锁器相连,而八腕目胴部在背面与头部相连。

2.分类

头足纲分为两个亚纲,即四鳃亚纲(Tetrabtanchia)和二鳃亚纲(Dibranchia)。

三、观察下列标本特征,并熟记其分类地位

(一)多板纲代表种类

1.鳞侧石鳖目

壳板腹面无嵌入片,若有嵌入片也无齿。

隐板石鳖科：体呈椭圆形或细长条形。壳板较小,头板的嵌入片具 3 或 5 个齿裂,中间板各侧有 1 个齿裂或无齿裂,环带发达。齿舌的内侧齿有 3 个齿尖。

红条毛肤石鳖 *Acanthochiton rubrolineatus*：俗名海石鳖、海八节毛,身体卵圆形,壳板暗绿色,沿其中部有 3 条红色色带。环带较宽,深绿色,上面有棒形的棘,在壳板的周围有 18 丛针束。鳃 21 对。见图 1-2-10-4。

生活于潮间带,为我国沿海习见种类,肉可食用,也做药用,用于颈淋巴结核、麻风病等。

图 1-2-10-4　红条毛肤石鳖

2.甲石鳖目

壳板腹面有嵌入片,而且嵌入片也有分齿。

甲石鳖科:

(1)朝鲜鳞带石鳖 *Lepidozona coreanica*(Reeve):体呈椭圆形,灰黑色。壳板宽而隆起。头板具有 16 条粒状突起连成的放射肋;中间板的中央部有粒状突起的纵肋,翼部也具有粒状突起的粗肋数条;尾板中央部有纵肋,后部有放射肋。环带狭窄被以鳞片,鳃 34 对,鳃裂长度与足长相等。生活在潮间带,为我国沿岸习见的种类之一。见图 1-2-10-5。

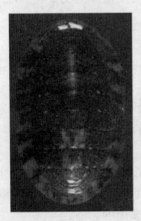

图 1-2-10-5　朝鲜鳞带石鳖

(2)函馆挫石鳖 *Ischnochiton hakodaensis*(Pilsbry):体呈长卵圆形,表面土黄色或暗绿色,杂有灰褐色花纹和斑点。头板上有细的放射肋,中间板和尾板中部有网状刻纹,翼部有细放射肋;环带窄,密布小鳞片或灰褐色斑。分布于黄、渤海,为习见种。见图 1-2-10-6。

图 1-2-10-6 函馆挫石鳖

(二)掘足纲的代表种类

3.角贝科

贝壳呈象牙状,以壳口的直径最大,向后逐渐缩减。足呈圆锥形,具有 2 个翼状侧叶。齿舌的中央齿长度约为宽度的 2 倍。

(1)大角贝 *Dentalium vernedei* Sowerby:贝壳大,较厚,长度 10 cm 以上,前口直径为 1 cm 多。在腹端壳面具纵肋约 40 条。前孔及后孔均圆。后孔在后侧有深而稍宽的裂缝 1 条。东海和南海有分布,生活于浅海至百余米深处。见图 1-2-10-7。

图 1-2-10-7 大角贝

(2)八角角贝 *Dentalium octangulatum* Donovan:壳弯曲,白色。壳面具明显的纵肋。肋数有变化,一般具 8～9 个纵肋,每个肋内又有许多细小的纵肋。壳口八角形或九角形。顶孔(肛门开口)小。腹侧无纵沟。栖息于水深百米处的海底,见于我国东海、南海沿海。见图 1-2-10-8。

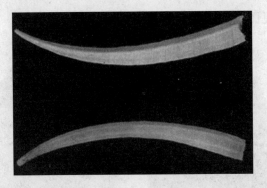

图 1-2-10-8　八角角贝

（三）头足纲的代表种类

4.鹦鹉螺科（Nautilidae）

贝壳具数层螺旋，多少重叠。隔片简单。室管在中央或接近中央，壳口不收缩。

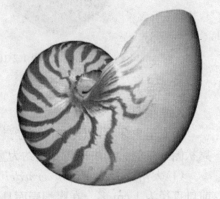

鹦鹉螺 *Nautilus pompilius* Linnaeus：具石灰质螺旋形外壳，左右对称，在平面上作背腹旋转。壳表面光滑，生长纹细密，外观灰白色，后方夹有多数橙赤色的火焰条状斑纹。贝壳内层珍珠层厚。贝壳内腔具 30 多个壳室。软体部藏于最后壳室——住室。其余的隔室称为气室。由外

图 1-2-10-9　鹦鹉螺

壳与隔壁组成的缝合线平直而简单。腕的数目多达 90 只。见图 1-2-10-9。

为印度洋和太平洋海区特有种，分布于我国台湾、海南诸岛。营深水底栖生活，偶尔亦能在水中游泳或略作急冲后退运动。贝壳漂亮，为珍贵的观赏贝类。肉可供食用。

5.乌贼科（Sepiidae）

体宽大，背腹扁。鳍状，占胸部两侧的全缘。具泪孔、嗅觉器，腕吸盘 4 行。雄性左侧第 4 腕茎化。内壳石灰质，背楯发达。触腕能完全缩入眼基部的触腕囊内。本科经济价值甚大。

（1）针乌贼 *Sepiaandreana steenstrup*：胴部细长，后端尖细。雄体胴部长度约为宽度的 2.5 倍，雌体约 2 倍。内壳的骨针突出，雄性内壳长度为宽度的 6 倍，雌性的为 4 倍。周鳍型。雄体各腕长度显著不同，顺序为 2＞4＞3＝1，雌体各腕长相差较小，顺序为 2＞1＞4＞3。雄体左侧第 4 腕茎化。触腕细长。体色灰黄，具细的紫褐色色素斑点。常见我国南北沿海。见图 1-2-10-11。

（2）曼氏无针乌贼 *Sepilla maindroni* de Rochebrune：体呈长椭圆形，长度略为宽度的 2 倍。胴的腹面后端有一腺孔，流出的液体具有腥臭味。鳍的前端狭，后端宽，围绕胴部两侧周围，末端分离。腕的长度相近，第 4 对腕较其他腕长。雄体左侧第 4 腕茎化。生活时胴体背面具有显著的白色花斑。雄性个体的花纹比雌性的大，易于辨认。内壳石灰质，呈长椭圆形。后端无骨针。见于我国东南沿海，为我国四大渔业之一。见图 1-2-10-11。

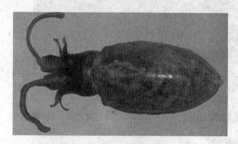

图 1-2-10-10　针乌贼

图 1-2-10-11　曼氏无针乌贼

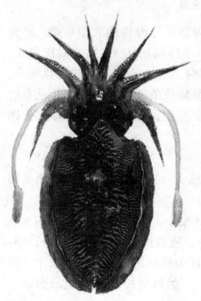

图 1-2-10-12　金乌贼

（3）金乌贼 *Sepia esculenta* Hoyle：个体中型。胴部卵圆形，长度约为宽度的 1.5 倍。肉鳍较窄，位于胴部两侧全缘，仅在末端分离。腕的长短相近，顺序一般为 4>1>3>2，吸盘 4 行，各腕吸盘大小相近，其角质环外缘具不规则的钝形小齿。雄性左侧第 4 腕茎化，特征是基部吸盘正常，到第 9～15 列吸盘极缩小，再向上又正常。触腕较短，触腕穗半月形，约等于全腕长的 1/5，吸盘小而密集，约 10 行，大小相近，其角质环外缘具不规则的钝形小齿。生活体表黄褐色，胴背部具棕紫和乳白相间的细斑，雄性个体胴背部具横行波状条纹，条纹具金黄色光泽。浸制后，体深褐黄，略带紫色。胴背部有暗褐色斑点，不显著，雄性的条纹似明显。内壳发达，长椭圆形，长度约为宽度的 2.5 倍，背面有坚硬的石灰质粒状突起，自后端开始略呈同心环排列，腹面石灰质松软，中央有一条纵沟，横纹面略成菱形，内壳后端的骨针粗壮。我国沿海均有分布，以黄、渤海产量较多。见图 1-2-10-12。

（4）虎斑乌贼 *Sepia pharaonis* Ehrenberg：体型较大，与白斑乌贼相似，主要差别是本种腕基部吸盘角质环外缘光滑无齿，但具很多细纹；顶部吸盘则具有密集的钝形小齿。生活时，体黄褐色，胴背有褐色波状斑纹，状如虎斑。内鳍与胴背交界处环绕着一圈天蓝色的镶边。分布于我国台湾、福建、广东等沿海。见图1-2-10-13。

图 1-2-10-13　虎斑乌贼

（5）拟目乌贼 *Sepia subaculeata* Sasaki：为热带外海性的大型乌贼。鳍宽大，围绕胴部两侧周围，末端分离，最宽处略小于胴部的 1/4。第 4 对腕最长。吸盘 4 行。左侧第 4 条腕茎化，茎化时自基部向上 7～10 列左右的吸盘缩小。触腕长。胴背黄褐色，浸制后呈紫褐色。胴背除横纹条斑外，并夹有大而明显的眼状白斑。内壳发达后端骨针粗壮。分布于我国福建以南沿海。见图 1-2-10-14。

6. 耳乌贼科（Sepioliodae）

胴部短，背部中央与头愈合，末端呈圆形，鳍大，位于胴部两侧中部，略呈圆形，通常一个或一对背腕茎化。

双喙耳乌贼 *Sepiola brrostrata*（Sasaki）：体型小。胴部呈袋状，长度约为宽度的 1.4 倍。鳍大，呈圆形，位于胴部两侧稍后。腕的长度顺序为 2＝3＞1＝4。吸盘角质环外缘无齿。雄性第一腕茎化，其特征为粗而短，基部具 4～5 个小吸盘。靠近腕上部外侧边缘具两弯曲的喙状肉刺。触腕细长，内壳退化。分布于我国黄海、渤海及东南沿海。见图 1-2-10-15。

7. 枪乌贼科（Loliginidae）

身体细长，呈锥形，鳍作身体后半部，或稍长，触腕不能完全缩入头部。腕吸盘 2 行。嗅觉陷发达。呈凸起的"ε"领字形，闭锁槽长形，漏斗器各有一倒 V 字形的背片和左右各一的腹片。雄性左侧第 4 腕茎化。贝壳不发达，羽状，角质。该科经济价值较大。

图 1-2-10-14　拟目乌贼

图 1-2-10-15　双喙耳乌贼

(1)中国枪乌贼 *Loligo chinensis*：一种大型的枪乌贼,胴长为 40 cm,胴部细长,长度约为宽度的 6 倍;肉鳍较长,位于胴体的后半部,在末端相连成菱形;腕的长度不等,各腕吸盘大小略有差异,吸盘角质外缘具小锥形小齿,基部吸盘小齿最多:内壳角质,薄而透明,近棕黄色。为我国东南沿海枪乌贼种类中种群最密、产量很大的一种,占全国枪乌贼总产量的 90% 左右。见图 1-2-10-16。福建省中国枪乌贼主要集中于南部渔场。捕捞方式有鱿鱼钓、灯围、拖网等作业。

(2)日本枪乌贼 *Loligo japonica* Steenstoup:体型小,胴锥形,长度约为宽度的 4 倍。鳍位于胴后两侧,长度略长于胴部的 1/2,呈三角形。腕吸盘 2 行,其角质环外缘具方形小齿。雄性左侧第四腕茎化,特征为顶部约 1/2 部分特化为 2 行肉刺。触腕吸盘大小不一,大吸盘角质环外缘具方形小齿。内壳角质,薄而透明。胴背部具浓密的紫色斑点。分布于我国黄、渤海。见图 1-2-10-17。

图 1-2-10-16　中国枪乌贼

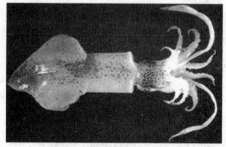

图 1-2-10-17　日本枪乌贼

(3)莱氏拟乌贼 *Sepioteuthis lessoniana* Lesson:胴部圆锥形,胴长约为胴宽的 3 倍。雌性体表具大小相同的近圆形色素斑,均属小型;雄体胴背生有明显的断续式横条状斑,胴背两侧各生有近圆形的粗斑点 9～10 个。肉鳍宽大,几乎包

被胴部前缘,前部较狭,向后渐宽,中部最宽处约为胴宽的 3 倍。腕式一般为
3＞4＞2＞1,吸盘 2 行,各腕吸盘以第 2、第 3 对腕上者略大,吸盘角质环具很多
尖齿,雄性左侧第 4 腕茎化。内壳角质,披针叶形,后部略狭,中轴粗壮,边肋细
弱,叶脉细密。主要分布于福建南部和广东沿海,北部沿海极少见到。体大肉
厚,最大体重达 5.6 kg,但肉质细嫩,鲜食肉美,可制作干品。见图 1-2-10-18。

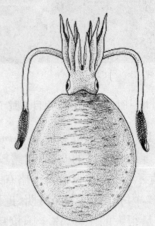

图 1-2-10-18　莱氏拟乌贼

8.章鱼科(Octopodidae)

腕长,彼此相似。腕间膜一般短小,腕吸盘 2 行,小数单行或 3 行。右侧第
3 腕茎化,末端呈匙状。通常有墨囊。

(1)短蛸 *Octopus ocdllatus* Groy:又名饭蛸。胴部呈卵圆形或球形,无肉
鳍。胴背两眼具一纺锤形或半月形的斑块,并在两眼前方各具一椭圆形的金色
圈。腕较短,长度相似。雄性右侧第 3 腕茎化,输精沟由腕侧膜形成。内壳退
化。浸制后的体色为紫褐色。底栖肉食性贝类,产于我国南北沿海。见图
1-2-10-19。

(2)长蛸 *Octopus variabilis* (Sasaki):胴部呈长椭圆形,无肉鳍。皮肤表面
光滑。两眼间无斑块,两眼前方无金色圈。腕长,且长度相差悬殊,其中第一对
腕最长为第四腕的 2 倍,为头胴部的 6 倍。腕吸盘 2 行。雄性右侧第 3 腕茎化,
茎化时的长度约为左侧相对腕的 3 倍。腕侧膜形成的输精沟,匙形的端器均明
显。内壳退化。本种为沿岸底栖肉食性种类。冬季、低盐及水温下降时挖穴栖
居。我国南北沿岸及苏联、日本、朝鲜、印度洋、地中海、红海均有分布。肉味鲜
美,为大型经济鱼类的钓饵。见图 1-2-10-20。

图 1-2-10-19　短蛸

图 1-2-10-20　长蛸

（3）真蛸 *Octopus vulgaris* Cuvier：又称母猪章，胴部卵圆形，稍长，体表光滑，具细小的色素点斑。短腕型，各腕长度相近，腕吸盘 2 行。雄性右侧第 3 腕茎化，明显短于左侧对应腕，端器锥形。阴茎棒状。漏斗器 W 型。鳃片数为 9～10 个。齿式为 3·1·3，中央齿则具有 3～5 个齿尖，基本上左右对称，第三侧齿外侧具有发达的缘板结构。见图 1-2-10-21。

图 1-2-10-21　真蛸

9. 柔鱼科（Ommastrephidae）

胴部圆锥形，肉鳍短，分列于胴部两侧后端，两鳍相接。头部两侧的眼径略小，眼外无膜。腕 5 对；其中 4 对较短。腕上具 2 行吸盘，雄性右侧或左侧第 4 腕，或第 4 对腕茎化；另 1 对较长，称"触腕"或"攫腕"，具穗状柄，触腕穗上的吸盘 4 行。内壳薄，角质，狭条形，末端形成中空的"尾锥"。代表种如下：

太平洋褶柔鱼 *Todarodes pacificus*：胴部圆锥形，后部明显瘦凹，胴长约为胴宽的 4,5 倍，体表具大小相同的近圆形色素斑，均属小型；胴背中央的褐黑色宽带延伸到内鳍后端,头部背面左右两侧和无柄腕中央的色泽,也近于褐黑。漏斗陷前部前穴两侧不具小囊。鳍长约为胴长的1/3,两鳍相接略呈横菱形。无柄腕长度相差不大,腕式一般为3＞2＞4＞1,第3对腕甚侧扁,中央部边膜突出,略呈三角形,腕吸盘2行,吸盘角质环部分具尖齿,雄性右侧第4腕茎化,内面较平,顶部吸盘特化为2行肉突和肉片,外侧的一行为尖头小肉突,内侧的一行为纯头薄型肉片,特化部分约占全腕的1/3;触腕穗吸盘4行,中间2行大,边缘、顶部和基部者小,大吸盘角质环具尖齿与半圆形相间的齿列,小吸盘角质环部分具尖齿,触腕柄顶部具2行稀疏的吸盘,交错排列。内壳角质,狭条形,中轴细,边肋粗,后端具一个中空的狭纵菱形尾椎,已知成体的最大胴长为30 cm。分布于太平洋,在我国,主要分布于黄海、渤海、东海海域。见图1-2-10-22。

10. 船蛸科(Argonautidae)

两性异性显著,雌体大,雄体极小,腕间膜不发达。雌体的背腕具翼状腺质膜,能分泌石灰质的两次性外壳。雄体无外壳,左侧第三腕茎化,发生在一个迅口部凸出的内茎状囊中。

船蛸 *Argonauta argo* Linnaeus:雄性具螺旋形单室薄壳。两侧有细密而明显的放射肋。每条放射肋自贝壳螺旋轴延伸到同侧疣突处。疣突尖而小,可达50个以上。壳两侧很扁,壳面大部乳白色。雌性腹腕大于侧腕。顺序为1＞4＞2＞3。雄性左侧第3腕茎化,顶端特化为长鞭。见于我国南海。见图1-2-10-23。

图 1-2-10-22　太平洋褶柔鱼

图 1-2-10-23　船蛸

四、作业

熟记各纲的分类术语,写出所观察贝类的分类地位。

第三章　研究性实验

实验十一　贝类标本采集、处理和鉴定

一、实验目的

认识浅海贝类；了解浅海贝类的生活环境特点；初步掌握制作浅海贝类标本的基本方法；掌握贝类的分类方法。

二、实验工具和药品

(一)采集工具

(1)铁皮箱：用于放置各种采集用具和标本，其规格、大小可酌情而定，也可以用塑料箱子代替。

(2)各式标本瓶：用于保存标本，野外采集最好使用塑料瓶，既轻便又不易打碎，也可以用有盖的塑料桶代替。如果要永久保存标本的话，以用玻璃瓶为宜。

(3)手提采集桶：用于海滨采集时存放标本，不宜太大，以携带方便为好。现在常使用塑料桶或者以加厚的塑料袋代替。

(4)铁锹和铁耙：用于挖掘泥沙滩的底栖贝类。铁锹头要小而坚固，其柄也不宜太长。

(5)铁凿、铁锤和铁钩：用于采集固着在岩石上或者栖息在岩礁间生活的贝类。

(6)浮游生物网：用于捞取浮游的贝类。

(7)其他：如瓷盘、塑料小盆、塑料网筛、培养皿、量筒、吸管、镊子、剪刀、解剖刀、胶手套、标签、棉花、纱布、手电筒和手持放大镜等，都是野外采集不可缺少的用品，其数量可以根据采集人数而定。

如果要对贝类作定性调查的话，还需要配备 GPS 定位仪、透明度盘、酸度计、水温计和采泥器等器具。

（二）处理及固定药品

贝类标本处理常用药品可按用途分为麻醉剂、固定剂和保存剂，但是也有些药品是具有多种用途的，下面介绍几种常用药品。

1. 薄荷脑

薄荷脑为无色结晶，医药上作为局部麻醉剂。可以磨成碎末直接撒在培养动物的海水中，或把它缝制在纱布袋中放入海水，使动物体逐渐麻醉，既经济又方便。

2. 硫酸镁

硫酸镁为白色结晶，可以做成饱和溶液徐徐滴入培养动物的海水中，或者直接把结晶由少渐多加入海水中麻醉动物。

3. 酒精（乙醇）

市面上出售的医用或工业用酒精浓度多为95％，必须稀释成70％的浓度才能用于处理标本。稀释酒精时如果没有蒸馏水，可以用凉开水代替，但是不能使用海水或自来水，否则酒精会与水中的杂质起化学作用发生沉淀，使液体混浊。由于酒精具有固定、硬化、脱水的作用，所以，在处理标本时不仅可以用70％酒精徐徐滴入海水中麻醉动物，而且还可以用作固定和保存动物。对一些贝壳小而薄种类的永久保存，要在70％酒精中加入少量碳酸钠（苏打），中和酒精中的游离酸，可以避免贝壳被腐蚀破坏。目前以酒精为最理想的贝类标本保存液，它能使贝壳保持亮丽的色泽，但是浓度不能高于70％，否则会使动物体组织失水而变硬变脆，不利于保存。由于酒精具有挥发性，所以要注意定期更换保存液。

4. 福尔马林（甲醛）

市面上出售的为40％甲醛溶液（福尔马林原液），稀释成不同浓度的福尔马林时，要把原液按100％计算。配制福尔马林可以使用蒸馏水、自来水或海水。常用5％福尔马林固定标本，短期内能保留动物艳丽的体色；使用2％福尔马林与50％酒精等量配制成的混合液保存标本，标本不会收缩，效果较好。但是，福尔马林含有游离酸，能侵蚀贝壳使之失去光泽，一般只用于保存贝壳较厚而无光泽的种类。目前有报道福尔马林含有致癌物质，要求慎用。

三、采集方法

海产贝类的生活习性是多种多样的，除了部分游泳或者寄生生活的种类外，大部分都是属于底栖生活的。它们分别生活在不同的深度和底质环境中，可以根据它们不同的生活环境和方式进行采集。

1. 潮间带贝类的采集

海滨潮间带是采集贝类的主要区域，包括沙、泥、岩石和珊瑚礁等不同的底质环境。

(1)岩石岸、珊瑚礁贝类的采集:在岩石岸和珊瑚礁海滩栖息着丰富的贝类。一般以内海湾、坡度不大较为平坦、乱石块多而藻类丛生的地方贝类较多,尤其是退潮以后,海水不能完全退走并掺有乱石块的浅水塘内,不仅有贝类栖息,而且也生活着多种多样的无脊椎动物。与此相反,陡峭、光滑而且潮水直接冲击的岩岸,贝类的种类比较贫乏。

在岩石岸和珊瑚礁营固着或附着生活的贝类很多,在潮间带不同的潮区都有分布。有些贝类吸附在岩石的表面,容易发现和采集,使用刀、铲、镊子等即可采集到,如石鳖、鲍、笠贝等以其肥大的足部紧紧吸附在岩石上,采集时要乘其不备,突然取之,才能采集到完整的标本。有些贝类如牡蛎、海菊蛤、猿头蛤、蛇螺等固着在岩石上生活,可以使用铁锤、凿子等工具自其壳顶凿取下来。有些贝类如贻贝、钳蛤、蚶、珍珠贝等栖息在岩石缝隙或洞穴中或石块下,除了使用刀、铲、凿等工具外,还要用铁钩辅助。部分在岩石、珊瑚礁或木船木材中凿穴栖息的种类,仅以一些小孔洞与外界相通,一般较难发现和采集,必须仔细观察。发现可疑孔洞后,先用镊子试探,有水冒出者里面肯定有动物,然后分别用凿、斧、刀把岩礁或木材敲凿开。敲开有孔洞的岩礁可以采集到海笋和石蛏等;凿开有孔洞的木桩、木块可以找到船蛆。

在岩石岸和珊瑚礁栖息的贝类绝大多数营自由生活。退潮后,除了少数暴露在外面,大多数都隐藏在石块下或岩石缝隙间,采集时必须翻动大小不一的石块寻找。这样,不仅可以采集到退潮后隐藏到里面的贝类,而且还能找到生活在石块下面的其他动物。不少营自由生活的贝类有昼伏夜出的习性,如宝贝、芋螺等喜欢在黄昏后开始活动,退潮如果是在夜间,就可以在低潮区采集到不少贝类标本。

(2)沙滩、泥沙滩和泥滩贝类的采集:沙滩是指沙粒较细的海滩,泥沙滩为沙多泥少或泥、沙掺半的海滩,一般在靠近内湾、滩平而波流静稳、大潮时海水退得较远的地方,生活在上述环境的贝类最多。泥滩是指沙质少的软泥滩,在这种底质环境生活的贝类种类较少。沿海的泥滩大多数在河口附近,淡水入海为其带来大量的有机物质,适合一些贝类的生存,是人工养殖贝类的良好区域。

在沙、泥和泥沙底质海滩生活的贝类可以分为底内生活和底上生活两大类群。在底内生活的贝类,绝大多数是瓣鳃类动物,它们用斧足挖掘泥沙而潜居底内,要不是波浪和水流的冲击,甚少自动出来活动。瓣鳃类动物钻入沙内,只是在涨潮时以其身体后端的出、入水管伸出地面,从海水中摄取营养物质——浮游生物来维持生命;退潮后,它们便把水管缩入沙内,因此,在海滩上留下了它们活动的痕迹——各种形状大小不同的洞穴。通常在较硬的海滩上,洞穴与水管的形状相符;而在松软的沙或泥沙滩上,动物水管缩入沙内后,由于洞口周围的泥沙涌入洞穴中,使地面呈漏斗状凹陷而难以辨别。例如,竹蛏在较硬的沙滩上留下的洞穴近似 8 字形,沿海居民常把长约 50 cm 的铁丝弯成 U 形,一端具小钩,插入竹蛏 8 字形的洞穴中,把它钩钓上来。或者用铁锹挖去沙滩表面 6~7 cm 厚的泥沙,加少许食盐于洞穴中,竹蛏受到盐度骤然升高的刺激即从穴内深处上升到洞口,这样,不仅省力,而且能获取比较完整的标本。在松软的沙滩上,竹蛏的洞口表面呈漏斗形,先用铁锹挖开表层泥沙,如果洞道呈椭圆形,便可判断为竹蛏,继而往下挖掘,动作要快,因为竹蛏向下退缩较快,而且栖息较深。不同的种类在泥沙中栖息的深浅度不同,如江珧的贝壳前端插入泥沙中,以足丝与沙砾固定位置,只有后端小部分露出地面,我们可以用铁锹从旁边掘取之;而帘蛤、蚶类大多数潜居在数厘米深的泥沙内,贝壳边缘有时甚至露出地面,它们在海滩上活动后往往留下各种形状的凹陷,常用铁耙刮取或用铁铲、镊子掘取之。对于樱蛤、紫云蛤等栖息较深的种类,其采集方法与竹蛏相仿。

匍匐在沙滩或泥沙滩上营底上生活的种类,绝大部分是腹足类,这些动物在海滩上爬行,身体完全暴露,如汇螺、蟹守螺、凤螺、织纹螺、海兔等,在退潮时垂手可以采集到。虽然也有些种类在爬行终止时潜入沙中,但是大多数较浅或仅隐其身,而且常常留下爬行的足迹,如采集昌螺、玉螺、榧螺、壳蛄蝓等,可以根据它们爬行的沟痕去寻找。也有些种类如帆螺喜欢以腹足吸附在一些空螺壳内,猫爪牡蛎往往是若干个体一起固着在小石块或空贝壳上生活,黑口滨螺多栖息在红树的基部或枝杈上……可见,底上生活的种类要比底内生活的容易采集,只要我们根据各种贝类不同的生活习性仔细寻找,就能获取大量的标本。

潮间带贝类的采集除了上述各种底质环境外,还可以到海滨高潮线附近拾取空贝壳,或用筛子筛选一些微型的贝壳,仔细寻找会收获不少。尤其是暴风雨过后,在潮下带栖息的种类往往被卷上海滩,越是平坦的海滩,冲上来的贝类越多,这样可以采集到不少在潮间带没有的种类。此外,到菜市场搜集所需的标本,也能弥补在潮间带采集的不足,在那里,我们不仅可以搜集到一些在潮间带泥沙中栖息较深而不易挖到的贝类,如竹蛏、紫云蛤等,而且还能补充一些潮下带的种类,如瓜螺、管角螺等。我们甚至可以到渔民居屋附近的垃圾堆寻找被取肉后丢弃的贝壳。

2. 潮下带贝类的采集

潮下带的贝类栖水较深,浩瀚的海洋同样有沙、泥、沙砾和岩礁等不同的底质,我们可以根据不同的底质采用拖网或潜水的方法采集。也可以到渔市场和水产公司搜集,只要细心寻找,定能获取更多珍稀的贝类标本。

四、采集后标本处理的方法

要想获取理想的贝类标本,不仅要采集完整的标本,而且要掌握好标本处理的方法,否则前功尽弃。

1. 清洁标本

所有标本在处理前都必须把体表的泥沙、杂质和黏液洗刷干净,方可进行麻醉、固定和保存。需要麻醉的标本必须用海水冲洗,不需要麻醉的标本用海水或淡水冲洗皆可。

2. 麻醉标本

先用海水把麻醉用的容器洗刷干净,再注入新鲜海水培养需要麻醉的动物,然后把容器置于不受震动、光线稍暗的地方,待动物恢复到自然生活状态时方可麻醉。投放麻醉剂要适量,以动物身体和触手不发生收缩为度。在麻醉过程中,如果因为麻醉剂投放过多而引起动物体或触手发生收缩的话,应立即停加麻醉剂,重新换上新鲜海水,让动物体恢复正常状态后再行麻醉。

3. 浸制标本

贝类标本浸制前必须按具体情况进行麻醉处理,浸制方法可根据各纲种类不同而异。

(1)多板纲:该纲动物俗称石鳖,受到刺激后都会卷缩一团。因此,在浸制前要用酒精或硫酸镁麻醉动物约 3 小时,然后改用 5％福尔马林或 70％酒精固定24 小时,最后保存在 70％酒精中。或者把石鳖麻醉后,直接在麻醉石鳖的海水中徐徐注入浓福尔马林,使海水中福尔马林的浓度达到 5％～6％,固定的效果也很好。

(2)腹足纲:该纲动物大多数具有一个外壳,活动时头、足和外套膜伸出壳外,其外露的触角、足、厣和口腔中的齿舌等形态构造,为分类的重要依据。因此在麻醉螺类时,要待其头、足等器官伸出后,滴入古柯碱或硫酸镁溶液,充分麻醉后移入 70％酒精中固定保存。

该纲后鳃类动物多数无壳,身体柔软而易萎缩。麻醉时要注意观察,谨防因动物体死亡所造成的体色脱褪、身体腐烂或外套膜脱落等现象。当麻醉至动物的触角或二次性鳃不再收缩时。即可向容器中注入浓福尔马林固定,最后保存在 5％福尔马林液中。少数有壳的种类,其壳一般较薄,宜用 70％的酒精保存。

(3)瓣鳃纲:该纲动物如果需要观察其外套膜缘的愈合形式、水管和足的形状的话,在浸制前必须先用温水把动物闷死,或者用薄荷脑或硫酸镁麻醉 2～3小时,当动物两壳张开、水管和足不再收缩时,在两壳之间插入一木片,以防关闭,然后徐徐注入浓福尔马林固定之。

对于一些大型的标本,还需要向动物内脏注入固定液(90％酒精 50 mL、冰醋酸 5 mL、福尔马林 5 mL、蒸馏水 40 mL),24 小时后拔掉木片,保存在 70％酒精中。

(4)头足纲:该纲动物如乌贼、章鱼都具有长短不一的腕,为了防止腕的收缩缠绕,在固定浸制前,必须用淡水或硫酸镁进行麻醉,待动物体不活动时取出,放在瓷盘中,把各腕排好理顺,注入 7％～10％的福尔马林固定。如果标本的个体太大,应往动物体内注入固定液,约 24 小时后移入 5％福尔马林液中保存。

一般情况下,浸制标本的存放以不超过标本瓶容量的 2/3 为宜;固定液的浓度要比保存液高些,外出采集回来要及时更换新的保存液;如果酒精和福尔马林用完来不及补充,可用浓盐水或 60 度的白酒暂时代替保存。

4.干制标本

腹足纲和瓣鳃纲动物贝壳的特征常被作为分类的重要依据,它们贝壳的干制处理方法也各有异同。

(1)腹足纲:先用热水或淡水浸泡处死动物(时间不宜过长),除去肉体部分,置于阴暗处,待壳内残留的肉体完全腐烂后用水洗净即可。也可以把螺壳置于有蚂蚁的地方,利用蚂蚁代为清理壳内的腐肉;或者把螺壳埋在干沙中,让其肉自行腐烂后用水冲净,晾干保存。大多数前鳃类动物都有一个角质或石灰质的厣,厣的形状、大小和表面的刻纹是鉴定种类的特征之一。在干制有厣的种类时,必须把厣与贝壳同时保存,可以用棉花先把空壳塞满,再把厣粘贴在壳口处。如奥莱彩螺、滨螺等小型的螺类,其肉不易取出,可以先用 70％酒精固定 24 小时,然后取出风干、保存。

(2)瓣鳃纲:把标本置于背阴处,待两壳张开后,在两壳间插入一硬物,以解剖刀切断其闭壳肌,把动物肉体取出,洗净贝壳。趁贝壳的韧带没有干透时(如果已经干透者需要重新泡水使之湿润)把两壳合闭,用线缠好,阴干后才把线去掉,保存。

在干制标本时切勿用水煮熟动物取肉,贝壳只能阴干、不可日晒,否则会使贝壳失去光泽。为了使贝壳显得更加艳丽,有专家认为用盐酸加热处理贝壳效果较好。其方法是:加热％20～25％的盐酸,在接近沸点时把贝壳放入盐酸中浸泡,时间长短可以根据贝壳的质量、大小而定,一般为 30 秒左右,但是不能超过 1 分钟,否则贝壳受到腐蚀后就无法挽回。

5.保管标本

贝类标本经过处理后,还要登记编号和存放管理,做到有条不紊,为研究工作提供方便。

(1)标本登记编号:在野外采集到各种标本后,对它们的产地、栖息环境、生活习性和用途等都应做详细的记录,已经鉴定的标本可以按分类系统顺序登记入册,没有鉴定的标本要按采集顺序编号后登记,这样有助于将来的研究。在标本被登记编号的同时,还要写好相应的标签与标本放在一起,以便查找。

(2)标本存放保管:已经鉴定的标本一般按分类顺序存放保管,浸制标本和干制标本应该分开存放。浸制标本大多数是用70%的酒精保存的,由于酒精易挥发而影响了标本存放的时间,所以浸制标本通常选择较密闭的标本瓶或广口瓶(盖子要原配的),在瓶口内侧周围抹上一层凡士林油,可以防止酒精挥发、保存好标本。浸制标本存放在光线较暗的标本柜内,也可以减少酒精挥发和减少灰尘。此外,还要定期检查,更换保存液,防止标本发霉损坏。干制标本宜存放在干燥的地方。标本柜最好采用多抽屉式的,抽屉内的标本一般以科为单位存放,柜门还要设置登记卡片,以便查找。

五、注意事项

(1)注意保护国家的动物资源和生态环境,采集标本应该重质不重量。初到海滨的人往往因为好奇心而忽略了对动物资源的保护,所以,采集时要注意观察周围的生态环境,做到适量采集。不仅要采集大型的贝类,而且要注意采集小型或有保护色的贝类,尽可能采集成体、幼体等不同生长阶段的标本,要求标本完整不风化,分类特征明显。如果采集到珍稀的标本,尽管不完整,也要保留作为该地区的资源依据,待日后采集到完整的标本时方可丢弃。采集时需要翻动大小石块寻找贝类,由于在石块下常生活着许多其他的海洋动物,因此,应该把翻转的石块恢复原样,以保护其他生物的生存。

(2)采获的标本要分别装放。对于所采回的各种大小、软硬不同的贝类标本,必须分别装放在不同的瓶、管或采集桶内,不能混杂堆放,以免损伤标本。尤其是一些微型的贝类,更要注意装放好。需要进行麻醉处理的种类,应放在装有海水的瓶、管内,要经常更换新鲜海水,以免动物死亡。

(3)采集时要特别注意有毒动物。海洋动物中有些种类是有毒的,如棘皮动物中的刺冠海胆、腔肠动物的薮枝螅和一些水母、贝类中的芋螺等,在采集时不可避免会遇到,所以要用镊子或其他工具采集,直接放入采集桶或玻璃瓶内,对于一些不认识的动物,切勿以手触碰或捉拿,以免受伤害。

(4)爱护采集工具。每次采集归来后,必须用淡水冲洗采集工具(尤其是金属用具),晾干,可以延长其使用寿命。

六、分类鉴定

按照贝类学分类大纲和分类系统进行鉴定、分类,写出标本的分类地位。

实验十二　贻贝肥满度的测定

一、实验目的

通过实验掌握贝类肥满度的测定方法。利用贝类肥满度了解和掌握贝类繁殖和收获最佳时间,指导贝类的育苗和养殖生产。

二、实验仪器和工具

电炉、蒸锅、解剖刀、搪瓷盘、电子天平、游标卡尺、恒温箱。

三、实验材料

贻贝 100 个。

四、实验方法

取贻贝 100 个,刷净壳表面的杂物,除掉足丝,撬开双壳,排出壳内存水,带壳称其质量,放入锅内蒸煮。然后将煮熟的贻贝剥去贝肉,称量肉、壳质量,再将肉、壳置于 60～70℃ 的恒箱内烘 24～48 小时,至不再减重为止。然后分别称量干肉、干壳质量,此后将所得数据,按公式求出肥满度、出肉率。

五、实验步骤

(1)用游标卡尺分别测量 50 个贻贝的壳长、壳宽、壳高,并按 1,2,3,…49,50 做好标记,并求出平均值。

(2)再用电子天平对上述测量的 50 个贻贝分别称个体重(带壳重)、熟肉重、干壳重、干肉重,并分别求出其平均值。

(3)出肉率$=\dfrac{\text{干肉重}}{\text{鲜贝重}}\times100\%$

(4)肥满度$=\dfrac{\text{干肉重}}{\text{干壳重}}\times100\%$

六、记录测定数据

时间： 水温：

测量项目	大	中	小	平均值	备注
壳长(cm)					
壳宽(cm)					
壳高(cm)					
体重(带壳重)(g)					
熟肉重(g)					
干壳重(g)					
干肉重(g)					
出肉率(%)					
肥满度(%)					

七、作业

简要描述实验经过,写出测定结果。

实验十三　栉孔扇贝的人工授精和幼虫培育的观察

一、实验目的

通过实验掌握栉孔扇贝的人工授精和幼虫培育方法。掌握贝类诱导产卵方法，为进行贝类苗种生产打下基础。

二、实验仪器及工具

显微镜、测氧仪、pH 计、温度计、白瓷盘 1 个，解剖工具 1 套，培养罐 4 只，500 mL 杯子 4 只，玻璃棒 1 只，温度表(0～50℃)1 只。

三、实验材料

性腺成熟的活栉孔扇贝。

四、实验步骤及观察

1. 测量和雌雄的区分

取活的成熟栉孔扇贝 10 个，测量壳长、壳宽、壳高，求出最大、最小及平均值，将壳表面杂物洗刷干净，置于背阴处，阴干刺激 2 小时，然后放入培养缸中，加入新鲜过滤的海水，观察其排放情况。按性腺颜色区分雌雄，分开产卵、排精。

雄体：排放时精液呈乳白色，烟雾状。

雌体：排放时成熟的卵子呈浅橘黄色，颗粒在水中均匀散开。

2. 受精

将正在排放的雌雄亲贝从培养缸中取出，分别置于事先备好盛有海水的培养缸中继续排放，然后取卵液 1 000 mL，加入少许精液，用玻璃棒搅拌，待 10 分钟后，镜检受精情况，一般每个卵子周围 2～3 个精子为宜。

3. 幼虫培育的观察

将孵乳化在幼虫移入培养罐中，计算密度，测量水温，观察胚胎发育并做好记录。

(1)幼虫密度：孵化时 50～100 个/毫升，担轮幼虫 20～50 个/毫升，D 形幼虫 10～15 个/毫升，壳顶期 8～10 个/毫升。

(2)投饵密度：D 形幼虫开始投饵，饵料要新鲜，无老化，硅藻密度为7 000～8 000 个/毫升，此后随幼虫增长可增至(1～3)×10^4 个/毫升，扁藻5 000～8 000 个/毫升，每天投饵 2～3 次，镜检以胃内颜色为深褐色为宜。

温度对幼虫各期发育的影响时间：　　　　温度：　　　　比重：

发育时间	受精后经过时间	发育时间	受精后经过时间	发育情况	受精后经过时间
第一极体		椹期		壳顶后期	
第二极体		囊胚期		变态附着期	
2 细胞		原肠期			
4 细胞		担轮幼虫期			
8 细胞		直线铰合期			
16 细胞		壳顶初期			
32 细胞		壳顶前期			

日常管理:每天测量水温2次,早六点,午后两点,每隔2小时充气一次。

(3)水质:水质要清洁,无污染,无敌害,担轮幼虫期前不必须换水,D形幼虫后换水量可增至1/2,换水时温差控制在±1℃,换水后需投饵。

变态附着:变态附着前要及时投放附着器,附着器以处理好的红棕绳为宜,幼虫附着后,要加大投饵量及换水量和充气量。

四、作业

将实验的全过程简单的复述,写出实验报告。

实验十四　牡蛎的摄食方式及鳃纤毛运动的观察

一、牡蛎摄食方式的观察

1. 目的

通过本实验，了解双壳类摄食方式及其对食物的选择。为贝类的饵料选择提供条件。

2. 用具

解剖器、白搪瓷器、刷子、有色的粉笔、虹膜剪和显微镜等。

3. 材料

活体牡蛎。

4. 方法与步骤

(1)清除牡蛎壳表面的杂物、污泥。

(2)除去左壳(注意勿损伤其心脏)，将软体部留在右壳内，用过滤的海水清洗几次，然后放在盛有海水的容器中。

(3)用细镊子小心地把包裹在上面的一片外膜拉起并翻转过来，让鳃瓣暴露出来，同时剪开外套膜前端的愈合部分，并翻起露出唇瓣。

(4)用镊子小心地把粉笔灰撒在鳃和唇瓣的表面不同部位。

5. 观察

留心察看粉笔灰在鳃表面的移动现象，以及牡蛎的选食和运食情况。

6. 结果与讨论

二、鳃纤毛运动的观察与测定

1. 目的

通过本实验了解贝类鳃纤毛运动的规律以及环境因子的关系，进一步了解鳃纤毛运动的规律以及环境因子的关系，进一步了解鳃纤毛运动对于摄食、呼吸的作用。

2. 用具

恒温水浴，二脚规，直尺，凹玻片，滴管，玻璃，500 mL 烧杯，温度计，量筒，比重计，pH 值试纸，浓盐水，NaOH 和 HCl 等。

3. 材料

同上。

4. 方法与步骤

(1)同上,打开蛎壳,清洗干净放在清洁的海水中备用。

(2)配置不同 pH 值和不同比重的海水。

pH:3~4 7~8 10~11

相对密度:1.000 1.010 1.035 1.045

(3)在鳃的边缘部分用剪刀剪下一小片,放在凹玻片中,置于显微镜下观察鳃丝的分布,鳃纤毛的排列及其运动规律,并观察水流方向及快慢。

(4)取 3 小片鳃片,然后分别置于不同 pH 值的溶液中,浸泡 3 分钟,再放在显微镜下观察,记录鳃纤毛运动的不同。

表 1 不同 pH 下鳃纤毛运动状况

pH 值	3~4	7~8	10~11
鳃纤毛运动情况			

(5)用不同比重的海水浸泡鳃片,观察鳃纤毛的运动。(方法同上)

表 2 不同相对密度下鳃纤毛运动状况

相对密度	1.000	1.010	1.035	1.045
鳃纤毛运动情况				

(6)在常温下取鳃一小片,洗净,放在白搪瓷盘中,加入海水,只要刚淹及鳃片即可,然后观察鳃片在搪瓷盘上爬行情况,并用铅笔在后边追随它的行痕,观察一分钟,量取它走的距离,计算其速度。

5. 观察并简述结果

三、作业

描述上述两种方法的过程和观察的实验现象,写出实验报告。

实验十五　扇贝的生物学测量

一、实验目的

通过扇贝生物学的测量,掌握贝类生长的情况和体重增重情况,可正确的指导贝类的养殖生产及收获季节。

二、实验材料与工具

1. 工具

解剖盘、游标卡尺、天平、解剖剪、解剖刀、镊子、硫酸纸。

2. 实验材料

海湾扇贝或栉孔扇贝。

三、实验内容

1. 测量

取栉孔扇贝活体 20 个,用游标卡尺测量壳长、壳高、壳宽(精确到 ± 0.05 mm),并计算平均值。

2. 称重

用天平称量每个海湾扇贝体重。

3. 计算出肉率、出柱率

取海湾扇贝解剖后,分别称量其软体部重、闭壳肌重(繁殖季节称性腺重),计算其每个出柱率和出肉率,求出各自平均值。

出柱率＝闭壳肌重/带壳鲜贝重×100％

出肉率＝软体部重/带壳鲜贝重×100％

(性腺指数＝性腺重/软体部重×100％)

4. 撰写实验报告

根据本次实验所得数据,进行统计并绘图表。

四、实验记录表

附表 1 体长测量记录表(单位:mm±0.05 mm)

序号	壳　长	壳　高	壳　宽
1			
2			
3			
4			
5			
6			
7			
8			
9			
10			
...			
19			
20			
平　均			

测量者:　　　　　　填表者:　　　　　　年　月　日

附表 2 干贝出成率和出肉率统计表

序号	带壳鲜贝重(g)	软体部重(g)	闭壳肌重(g)	性腺重(g)	干贝出成率(%)	出肉率(%)	性腺指数(%)
1							
2							
3							
4							
5							
6							
7							
8							
9							
10							
...							

（续表）

序号	带壳鲜贝重 （g）	软体部重 （g）	闭壳肌重 （g）	性腺重 （g）	干贝出成率 （％）	出肉率 （％）	性腺指数 （％）
19 20							

平均　测量者：　　　　　　填表者：　　　　　年　月　日

五、作业

写出实验过程和实验结果。

实验十六 滩涂底质的分析

一、实验目的

底质组成与埋栖贝类半人工采苗和半人工育苗甚至养成关系极为密切,因此,掌握底质分析方法,掌握底质组成状况,对埋栖性贝类苗种生产和养成有指导意义。

二、实验分析步骤

根据样品中碎屑颗粒分布的均匀程度,分别采用以下 5 种方法进行分析。

(一)筛析法分析

筛析法适用于粗颗粒的分析,其下限为 0.063 mm 左右。筛析法的基本原理是选用孔径规格不同的套筛,将样品自粗至细逐级分开。当样品的颗粒大小处于筛析粒度范围,大于 0.063 mm 的颗粒多于 85% 时,可直接用筛析法进行筛分,操作步骤如下:

(1)将原样全部取出,在一定器皿中充分搅拌均匀,然后按四分法取样分析,取样质量应根据样品中出现的最大颗粒粒径来予以确定,一般情况下,按下表估算质量,可保证样品具有较好的代表性,从而得到较为精确的固有粒度配比。

表 1-3-16-1 筛析法取样重量估算表

最大颗粒直径(mm)	取样最小质量(kg)	最大颗粒直径(mm)	取样最小质量(kg)
64(±)	50	9(±)	1
32(±)	25	6(±)	0.5
25(±)	10	5(±)	0.25
19(±)	5	3(±)	0.1
13(±)	2.5	0.2(±)	0.01

(2)在取分析试样的同时,应取 5~10 g 测定湿度的样品盛入小的玻璃器皿中,称其湿重后放在电热板上烘干,再移入烘箱以 105℃ 恒温 2 小时,然后放入干燥器内冷却 15~20 分钟,在称湿重的同一天平上称干样重,计算出干湿比。

(3)取好的分析试样先求出干样重,然后用孔径为 0.063 mm 的套筛进行水筛。

(4)将水筛后留在套筛中的样品倒入烧杯，放在电热板上烘干，再放入烘箱以105℃恒温2小时，放入干燥器内冷却15～20分钟，然后在1‰的天平上称重，得出筛前重。

(5)按规定的粒级选取相应孔径的筛绢，在电动振筛上进行筛分得出的各粒级样再进行烘干处理，称其质量，按此步骤可求出＞4，4～2，＜2～1，＜1～0.5，＜0.5～0.25，＜0.25～0.125，＜0.125～0.063，＜0.063 mm等粒级百分含量。

(6)注意事项：①振筛时间大致为15分钟左右；②如果出现碎屑集合体，可对着筛框壁轻轻的压碎，但决不可对着筛网压碎；③刷去嵌入金属丝网目内的岩屑，应平行丝网刷，以免筛绢变形；④在一批样品分析中，所得称重，应尽可能采用同一天平，并注意经常校对。

(二)沉析法(吸管法)分析

用来测定粒径为0.063～0.001 mm的颗粒。它是根据斯托克斯定律的质点(颗粒)沉降速度，在悬液的一定深度处，按不同时间吸取悬液，由此来求出沉积物各粒级的百分含量。

$$斯托克斯公式\quad v=2(\rho_1-\rho_2)g\,r^2/9\mu$$

v＝颗粒沉降系数(cm/s)；ρ_1＝颗粒密度；ρ_2＝液体密度；g＝重力加速度；r＝颗粒(质点)半径(cm)；μ＝液体的黏滞系数。

从斯托克斯公式可以清楚看出，颗粒直径大，沉降速度快；若颗粒直径小，沉降慢。因此，某种粒级经一定时间后可到达某一深度，这样，在一定的时间内从一定深度吸出的颗粒大小都是相同的。

表 1-3-16-2　沉析(吸管)法采样深度和沉降时间表

粒径(mm)	0.063	0.032	0.016		0.008		0.004				0.002				0.001					
深度(cm)	15	10	10		10		10		10		5		5		3		5		3	
℃ \ t	s	s	min	s	min	s	min	s	h	min	min	s	h	min	h	min	h	min	h	min
10	56	37	2	30	9	58	39	53	2	40	79	47	5	19	3	11	21	3	12	38
11	55	36	2	25	9	41	38	46	2	36	77	31	5				20	28	12	17
12	53	35	2	21	9	26	37	42	2	31	75	23	5	2	3	1	19	54	11	57
13	52	34	2	18	9	10	36	41	2	27	73	22	4	53	2	56	19	22	11	37
14	50	33	2	14	8	56	35	42	2	23	71	25	4	46	2	51	18	51	11	19
15	49	33	2		8	34	34	47	2	19	69	32	4	38	2	47	18	22	11	1

（续表）

粒径(mm)	0.063		0.032		0.016		0.008		0.004				0.002				0.001			
深度(cm)	15	10	10		10		10		10		5		5		3		5		3	
℃ ＼ t	s	s	min	s	min	s	min	s	h	min	min	s	h	min	h	min	h	min	h	min
16	48	32	2	7	8	28	33	53	2	16	67	46	4	31	2	43	17	53	10	44
17	46	31	2	4	8	15	33	1	2	12	66	3	4	24	2	39	17	26	10	28
18	45	30	2	18	3	32	12	2	9	64	25	4	18	2	35	17	0	10	12	
19	44	29	1	58	7	51	31	24	2	6	62	49	4	11	2	31	16	35	9	57
20	43	29	1	55	7	40	30	39	2	3	61	18	4	5	2	27	16	11	9	42
21	42	28	1	52	7	29	29	55	1	59	59	50	3	59	2	24	15	48	9	29
22	41	27	1	50	7	18	29	13	1	57	58	26	3	54	2	20	15	25	9	15
23	40	27	1	47	7	8	28	32	1	54	57	5	3	48	2	17	15	4	9	3
24	39	26	1	45	6	58	27	15	1	52	55	46	3	43	2	14	14	43	8	49
25	38	25	1	42	6	49	27	15	1	49	54	31	3	38	2	11	14	23	8	38
26	37	25	1	40	6	40	26	39	1	47	53	18	3	33	2	8	14	4	8	26
27	37	24	1	38	6	31	26	4	1	44	52	7	3	28	2	5	13	45	8	15
28	36	24	1	36	6	22	25	30	1	42	51	0	3	24	2	2	13	28	8	5
29	35	23	1	34	6	14	24	57	1	40	49	54	3	20	2	0	13	10	7	54
30	34	23	1	32	6	6	24	25	1	38	48	50	3	15	1	57	12	53	7	44
31	34	22	1	30	5	59	23	55	1	36	47	49	3	11	1	55	12	37	7	34
32	33	22	1	28	5	51	23	25	1	34	46	50	3	7	1	52	12	22	7	25
33	32	21	1	26	5	44	22	57	1	32	45	53	3	4	1	50	12	7	7	16
34	32	21	1	24	5	37	22	29	1	30	44	57	3	0	1	48	11	52	7	7
35	31	21	1	23	5	30	22	2	1	28	44	4	2	56	1	46	11	38	6	59
36	30	20	1	21	5	24	21	36	1	26	43	13	2	53	1	44	11	24	6	51
37	30	20	1	19	5	18	21	11	1	25	42	22	2	49	1	42	11	11	6	43
38	29	19	1	18	5	12	20	47	1	23	41	34	2	46	1	40	10	58	6	35
39	29	19	1	16	5	6	20	23	1	22	40	46	2	43	1	38	10	46	6	27

当样品中颗粒大小基本处于沉析法粒度范围,小于 0.063 mm 的粒径超过 85％时,可直接用沉析法求出样品的粒度配比,操作步骤如下:

1. 样品制备

(1)取样前应准备好原始记录,将送样单上的有关项目详细填入,严防错乱。

(2)将原样全部取出,盛于一定器皿中充分搅拌均匀后,按四分法取样一份供测定湿度,一份沉析法分析,也可以将原样在一光滑玻璃板上摊成薄层,划成若干方格。然后用羹匙从各方格中均匀取样。混合后作为分析试样。

(3)测定湿度的样品,用小的玻璃皿盛取 5～10 g 原样,先求出湿重,然后移入烘箱,在 105℃下恒温 2 小时,最后移入干燥器内冷却 15～20 分钟,在同一天平上求得干样重,计算出干湿比。

(4)分析样用较大的玻璃皿(或铝盆)盛样,称取湿样 20～30 g(保证干样 10～15 g)。取样时应根据黏土含量的多少,适当增减取样数量,以保证悬液维持一定浓度。

(5)在盛装分析试样的器皿中加入 0.5 mol/L 的偏磷酸钠($[NaPO]n$)分散剂 20 mL。然后用带橡皮头的玻璃棒充分搅拌均匀,并静置浸泡一夜。浸泡后再次反复研磨 5 分钟,使样品块体充分分散。

(6)将经过分散处理后的样品进行湿过筛,方法是将孔径为 0.063 mm 的小铜筛套架在 1 000 mL 的沉降量筒上,用细而急的蒸馏水流细心地将样品反复冲洗,把小于 0.063 mm 粒径的颗粒冲洗入量筒,冲洗完后,将小筛中留下的大于 0.063 mm 粒径的颗粒洗入烧杯,烘干称重,并算出它的百分含量。

(7)将制备好的悬液量筒,按顺序排列于吸管台上,检查悬液是否为 1 000 mL。不足时加入蒸馏水,使其恰为 1 000 mL。

2. 悬液的提取

(1)在提取悬液前,应先按顺序摆好盛悬液样品的小烧杯,在记录表上登记皿号。并认真校对,不得有错。

(2)测定水温,方法是另拿一量筒放于悬液量筒附近,内盛蒸馏水,在量筒上挂一温度计,使水银球浸入量筒中部的水中。在吸液过程中,一般读取一次有代表性的温度就够了。但如果吸液超过 2 小时,最好测 2～3 次温度,一次在搅拌后,一次在吸液前,一次在二者之间,求其平均温度值作为颗粒沉降过程中悬液的温度,查表 1-3-16-1 得悬液提取的时间。

(3)对悬液进行搅拌。方法是用搅拌器在悬浮量筒中上下匀速搅拌 1 分钟(60 次/分钟)。搅拌时要细心,既要使悬液充分均匀又要防止悬液溅出,在最后一秒钟准时地、轻轻地提出搅拌器。提取悬液时间从此刻起算。

(4)在吸液时间到达前的 15 秒钟,将吸液移于量筒中心位置。并轻轻地放入悬液的一定深度(表 1-3-16-1)。当吸液时间(表 1-3-16-1)到达,应准时地开始吸取悬液,在分别提取各粒级悬液时,要熟练的掌握吸液速度,要在 20 秒钟左右(±2 秒)匀速地、准确地吸满 25 mL。

(5)将提取各粒级悬液,分别盛入小烧杯中,烘干称重,并算出它们的百分含量。

如果样品普遍较细,做吸管法分析时,可按规定时间提前 5 秒开始吸液,如果样品普遍较粗,则不宜提前,否则小于 0.063 mm 粒级的含量偏高。

3. 注意事项

(1)对悬液进行合理的搅拌是很重要的,搅拌时上下要用劲一样,在 1 分钟内前后匀速搅拌 60 次,在最后 1 秒钟提出搅拌器时要注意尽量使悬液中颗粒呈正常沉降状态。

(2)在吸液过程中,要求准确熟练地掌握操作技术,准时匀速的在 20 秒钟内吸满 25 mL,前后误差若超过 2 秒钟应返工,如果提取悬液过量在计算时应作校正。

(3)吸液的深度必须与规定的一致。

4. 0.5 mol/L 浓度偏磷酸钠的制法

称取 51 g 偏磷酸钠溶于适量的蒸馏水后,稀释 1 000 mL。

5. 其他方法

也可以采取其他分散剂或方法(如煮沸法),使样品快速分散,视各海区的具体情况而定。

(三)综合法(筛析法-沉析法)分析

当样品的颗粒大小从粗至细各粒级均有分布,应采用综合法进行分析,方法是取双样同时进行筛析法和沉析法平行分析。即取一份测湿度的样,取两份分析样。两份分析样品中一份供作筛析法,分析粒径大于 0.063 mm 的粒级配比,一份供作沉析法,分析小于 0.063 mm 粒径的粒级配比。如果筛析法和沉析法不能同时进行,也可以分别进行,但应分别测定样品的湿度,最后两种方法所求得的百分含量,统一平方差,求出校正百分数。

综合法分析的取样和分析方法与前述筛析法完全相同。

(四)淘洗法

称取一定量的沉积物,放在容器内用水淘洗,较细的泥随水流去,而剩下砂,称砂质量,总量−砂重＝泥重。这种方法优点是简便,缺点是不太准确,数值随技术高低而有不同,只能粗略地将泥砂分开

(五)激光粒度分析法

此法采用激光粒度分析仪(图 1-3-16-1)进行底质的粒度分析,分析范围为

<2 mm 粒径的底质,最好<1 mm 的砂、粉砂和黏土。此法优点是样品用量少、速度快,能够准确地分析出各种粒级的含量(1-3-16-2 图)。

工作原理:利用颗粒对光的散射现象,根据散射光能的分布推算被测颗粒的粒度分布。

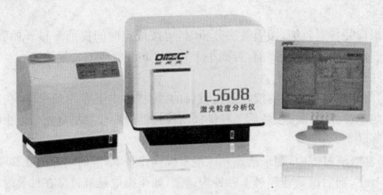

图 1-3-16-1　激光粒度分析仪

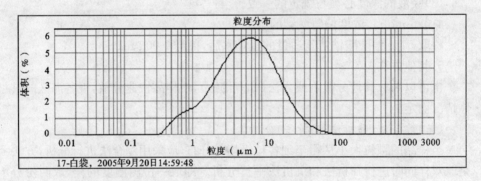

图 1-3-16-2　激光粒度分析图

三、底质的分级

机械分析粒级分类法只是根据机械成分,完全忽略了物质成分,采用等比制粒级中的 Φ 标准,粒径极限为一几何数列,其中每一相邻粒级大小,均为其前者之半,即比值为 2(表 1-3-16-3)。

四、底质的命名

在自然界中底质常常含有不同粒径的粒组,多种粒组混合在一起,因此有不同的命名方法。

表 1-3-16-3　等比制(Φ标准)粒级分类表

粒组类型	粒级名称		粒径范围		代号
	简分法	细分法	mm	μm	
岩块(R)	岩块(漂砾)	岩块	＞256		R
砾石(G)	粗砾	粗砾	256～128 128～64		CG
	中砾	中砾	64～32 32～16 16～8		MG
	细砾	细砾	8～4 4～2		FG
砂(S)	粗砂	极粗砂 粗砂	2～1 1～0.5	2000～1 000 1 000～500	VCS CS
	中砂	中砂	0.5～0.25	500～250	MS
	细砂	细砂 极细砂	0.25～0.125 0.125～0.063	250～125 125～63	FS VFS
粉砂(T)	粗粉砂	粗粉砂 中粉砂	0.063～0.032 0.032～0.016	63～32 32～16	CT MT
	细粉砂	细粉砂 极细粉砂	0.016～0.008 0.008～0.004	16～8 8～4	FT VFT
黏土(Y)	黏土	粗黏土	0.004～0.002 0.002～0.001	4～2 2～1	CY
		细黏土	＜0.001	＜1	FY

1.优势粒组命名法

当样品只有一个粒组含量很高,其他粒组含量均不大于 20%时,按优势粒组命名的原则,以该粒组中百分含量最高的粒级相应的名称命名,按粒径范围可划分出如下名称类型,见表 1-3-16-4。

表 1-3-16-4　优势粒组命名表

名称	粒径(mm)	名称	粒径(mm)
岩块(R)	>256	中砂(MS)	0.5~0.25
粗砾(CG)	256~64	细砂(FS)	0.25~0.063
中砾(MG)	64~8	粗粉砂(CT)	0.063~0.016
细砾(FG)	8~2	细粉砂(FT)	0.016~0.004
粗砂(CS)	2~0.5	黏土(Y)	<0.004

2.主次粒组命名法

当样品有两个粒组的含量分别大于 20% 时,按主次粒组的原则命名。命名时,以主要粒组作为基本命名,次要粒组作为辅助命名,依次可划分出表1-3-16-5所列名称类型。

表 1-3-16-5　主次粒组命名表

主要粒组 次要粒组	砾石(G)	砂(S)	粉砂(T)	黏土(Y)
砾石(G)	砾石	砾砂	砾石质粉砂	砾石质黏土
砂(S)	砂砾	砂	砂质粉砂	砂质黏土
粉砂(T)	粉砂质砾石	粉砂质砂	粉砂	粉砂质黏土
黏土(Y)	黏土质砾石	黏土质砂	黏土质粉砂	黏土

表 1-3-16-5 名称如用代号表示,则将主要粒组代号列后,次要粒组代号列前,中间以横线相连,例如,S-Y(砂质黏土),T-Y(粉砂质黏土)等。

3.混合命名法

当样品中有 3 个粒组含量均大于 20% 时,采用混合命名法进行命名,例如,砂-粉砂-黏土(泥),代号为 STY。

实验十七 贝类染色体标本的制备技术

一、实验目的

染色体是遗传物质的主要载体,认识贝类染色体的结构与功能,对研究贝类的遗传规律、贝类分类、变异机理及多倍体育种具有重要意义。在贝类染色体的分析研究中,有关染色体标本的制备方法很多。目前牡蛎染色体观察方法主要有成体以鳃为材料的体细胞滴片法和胚胎主要是 4~8 细胞为材料的压片法。

二、实验仪器

显微镜、离心管(或培养皿)、解剖刀、剪子、镊子、吸管、恒温水浴锅、染色缸、载玻片、盖玻片、吸管、烧杯、加热器、500 目筛绢、300 目筛绢、温度计。

三、试剂药品

秋水仙素、甲醇、醋酸、吉姆萨染液、缓冲液(pH 值为 6.8~7)、苏木精、铁明矾等。

四、实验材料

各种贝类的活体材料,各种贝类受精后的受精卵

五、实验内容和方法

(一)以鳃为材料制作染色体的方法——滴片法

太平洋牡蛎的鳃由于成丝状,便于取材,是观察核和染色体的好材料,本实验以太平洋牡蛎的鳃为材料进行制片滴片的,具体实验步骤如下:

1.实验方法

(1)取材:挑选活力强的太平洋牡蛎洗净外壳,活体解剖立即取鳃小片,用过滤海水迅速冲洗一下。

(2)秋水仙素处理(即预处理):由于在观察研究体细胞染色体的工作中,以有丝分裂中期的染色体最为合适,将鳃移入盛有用 50％海水配制的秋水仙素的离心管中,处理 30~45 分钟(水温 20~25℃)。

(3)低渗:移入 25％海水中(或 0.075 mol/L 的 KCL 溶液)低渗 30~45 分

钟。

(4)固定:低渗结束后移入盛有卡诺氏液(甲醇∶冰醋酸＝3∶1)试管内固定,固定液需要更换3～4次,每次时间为15分钟。

(5)制片:①将干净载玻片放在恒温水浴锅上,恒温水浴锅表面温度控制在(50± 2℃)预热。②细胞悬液的制备:将充分固定的鳃标本的试管内的固定液倒掉,加入45％～50％的冰醋酸轻轻摇,鳃细胞就解离下来,此时可见试管内溶液变得浑浊,细胞浓度应控制在50万～150万个/毫升。③滴片:用干净的细管取上述解离液,离载玻片高度15～20 cm滴定,每片载玻片可滴5～6滴,滴定后立即用细管将滴液吸净,自然干燥后备用。④染色:将干燥后的载玻片置于PBS浸泡2分钟后,放于盛有10％Giemsa染液的染色缸中,浸染20分钟,染色结束后用自来水冲洗染片,干后在镜下进行观察。

(6)显微摄影:在光学显微镜下用油镜选择分散好、形态好的中期染色体进行显微摄影,并将照片放大。

(7)染色体核型分析:将放大照片上的一个细胞内的全部染色体,分别一条一条剪下,按照Levan(1964)划分标准编号排列。用胶水将染色体按顺序粘贴在一张硬纸板上,计算它们的相对长度、臂长、着丝粒指数。

(8)实验中需特别注意的事项:①载玻片必须清洗干净,否则效果不好或失败。②染色时间掌握以染色体深度着色为准,染色时间与染液质量、染液PH和材料处理好坏有关,应灵活掌握,如染色过浅可重复染,过染可用乙醇褪色,水冲洗后,重染。③秋水仙素的处理时间和浓度应灵活掌握,随温度不同而需要调整。④Gimsa染液受pH影响明显,pH偏酸时胞质着色较深,反之,pH偏碱时核染得很红,为获得良好着色,用甲醇-冰醋酸(3∶1)固定的细胞最好放置过夜,或吹干,让冰醋酸充分挥发。否则在此酸性条件下,细胞核不易着色,发白,而胞质深蓝色。⑤冲液的配制:1/15 mol/L NaHPO$_4$ 50 mL,1/15 mol/L KH$_2$PO$_4$ 50 mL,pH＝6.81。⑥姬姆萨染液配制:姬姆萨粉0.5 g,甘油33 mL,甲醇33 mL。⑦甲醇-冰醋酸(3∶1)现用先配。

(二)以胚胎为材料制作染色体的压片法

以成熟的太平洋牡蛎的卵,人工授精发育的胚胎为材料,可以进行滴片法和压片法,这里主要介绍一下压片法。

1.实验方法

(1)精、卵获取:先把成熟的牡蛎外壳洗刷干净,活体解剖后,选择成熟的种贝,用滴管刺破性腺获取精、卵,先用300目过滤一次,再用500目洗去组织液,卵子最好用海水浸泡30分钟。

(2)人工授精:把获得好的精、卵进行人工授精,在水温22～25℃条件下进行发育。

（3）秋水仙素处理：当胚胎发育至 4 细胞至 8 细胞期时，立即用 500 目筛绢网浓缩出胚胎，放入用 50％海水配制的 0.05％的秋水仙素的离心管中进行处理。

（4）低渗：移入 25％海水中（或 0.075 mol/L 的 KCL 液）低渗 30～45 分钟。

（5）固定：低渗结束后移入盛有卡诺氏液（甲醇：冰醋酸＝3：1）内固定，固定液需要更换 3～4 次，每次时间 15 分钟。

（6）压片：①滴片，将上述固定好的胚胎滴到干净的载玻片上 2 滴，自然干燥。②染色，将风干后的载玻片滴上铁矾苏木精液数滴，染色 1～2 分钟后，放上盖玻片在酒精灯上小火烤一下，立即准备压片。③压片，用软纸折叠后先用铅笔轻轻敲片几次，再用食指轻轻压紧一段时间，具体应根据经验而灵活掌握。总之要达到染色体分散开、深展开、不断裂和逸出细胞之外，便于镜检。④封片，通过镜检合格的压片可作为永久制片，先用二甲苯透明 10～20 分钟，再用光学树胶封固，在 37℃的干燥箱中放置 24 小时。

（7）显微摄影：在光学显微镜下用油镜选择分散好、形态好的中期染色体进行显微摄影，并将照片放大。

（8）染色体核型分析：将放大照片上的一个细胞内的全部染色体，分别一条一条剪下，按照 Levan(1964)划分标准编号排列。用胶水将染色体按顺序粘贴在一张硬纸板上，计算它们的相对长度、臂长、着丝粒指数。

镜验后，将较好分裂相的片子冷冻，待干燥后用中性树脂封片，以备长期保存，显微观察拍照，进行核型分析。

染色体形态：观察染色体的长度、着丝粒及次缢痕的位置、随体的形态等。

1)长度测定：指在显微镜下用测微尺直接测量到的从染色体一端到另一端的线性长度，通常以微米表示。染色体的绝对长度常因分裂期的差异、前处理方法的不同而有所变化，因此绝对长度的数据也只有相对意义。

相对长度：是每条染色体的绝对长度与正常细胞全部染色体总长度的比值，通常用百分比表示，即相对长度＝每条染色体长度/染色体的总长度的百分比。相对长度不会因分裂期和前处理方法的不同而产生差异，因此是可靠的。所以，染色体长度通常以相对长度表示。

2)着丝粒的位置：一般来说，每条染色体着丝粒的位置是恒定的，染色体的两臂常在着丝粒处呈不同程度的弯曲。着丝粒位置的测定常用 Evans 提出的方法，即以染色体的长臂（L）和短臂（S）的比值来表示，即比指数＝长臂的长度/短臂的长度；着丝粒指数＝短臂长度/染色体全长的百分比。

3)核型表示法：染色体长度可分为长(L)、中(M)和短(S)三类。

若不能明显分为三类,可以按长短顺序依次排列为 A,B,C,D,E,…来表示。

着丝点(kinetochore)的位置以 M、m、sm、st、t 来表示。

随体(satellite)以 Sat 表示。

异染色质(heterochromatin)以 H 表示。

次缢痕(secondary constriction)以 Sc 表示。

表 1-3-17-1 着丝粒的位量

	臂比(长臂 /短臂)	表示符号
正中着丝粒	1	M
中部着丝粒	>1～1.7	m
近中着丝粒	>1.7～3.0	sm
近端着丝粒	>3.0～7.0	st
端部着丝粒	>7.0	t

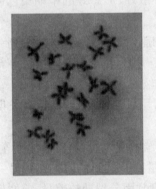

图 1-3-17-1 牡蛎的染色体数(2n)

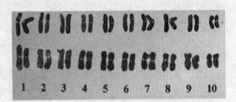

图 1-3-17-2 染色体核型

六、作业

(1)叙述贝类染色体制片方法和核型分析的方法。

(2)写出所观察贝类的染色体数和核型。

第二篇

贝类增养殖学
生产实习技术

第一章 生产实习大纲

第一节 本科生产实习教学管理及要求

实践教学是高等学校人才培养的必需环节,是学生获取感性认识,巩固所学理论知识,培养专业素质,提高独立工作能力和创新能力的重要途径。实习教学也是增强学生组织纪律性、团队合作精神、劳动观念和责任感的有效途径。

一、实习教学工作的组织和管理

院系是实习教学的主要组织者和实施者,主要职责是按照本科各专业人才培养目标的要求,组织制定实习教学大纲、实习教学方案,选派实习指导教师,组织实习指导教师队伍和实习基地的建设,开展实习教学研究活动,探索实习教学新模式,总结实习教学经验,保证实习教学质量。教务处负责统筹安排全校本科实习教学工作,检查和评估实习教学质量。

二、实习教学工作的准备

1. 制定实习教学大纲

《实习教学大纲》是制定实习教学方案、组织学生实习和进行实习考核的主要依据,各院系应按照教学计划中设置的实习类别制定相应的《实习教学大纲》。《实习教学大纲》应明确规定实习教学各环节的教学目标和具体教学要求,其主要内容应包括:实习的性质、目的、任务和要求,实习的内容、形式与时间安排,实习考核与成绩评定方法,实习纪律与注意事项等。

《实习教学大纲》由专业负责人或教研室负责人组织制定,并视具体情况定期进行修订。

《实习教学大纲》应以院(系、中心)为单位汇总,并报教务处备案。

2. 制定实习教学方案

每次实习前,均应按照《实习教学大纲》的要求和接受实习地的具体情况,制定《实习教学方案》。《实习教学方案》一般由实习指导教师负责制定,并报院系审批。

3.落实实习场所

安排实习场所首先应满足实习教学任务的需要,保证实习教学的效果和质量;其次,要遵循就近、节约和相对稳定等原则。

各院(系、中心)应高度重视实习教学基地或产学研基地的建设,以保证实习教学的顺利进行。

三、实习教学工作的要求

(1)实习指导教师是实习教学工作的具体实施者,是决定实习教学效果的关键因素,因此,各院系要高度重视实习指导教师的选派工作。

(2)实习指导教师应是责任心强、实践经验丰富、实践能力强且熟悉实习场所情况的、年富力强的教师。带队的实习指导教师原则上应具有中级以上职称。

(3)实习指导教师应切实负起指导职责,要针对不同的实习任务采取不同的指导方法。要引导学生理论与实践相结合,培养学生发现问题、提出问题和解决问题的能力。

(4)实习学生需认真做好实习记录,撰写实习报告和个人实习总结。实习指导教师要检查、督促学生实习工作,定期审阅学生的实习记录并写出评语,作为实习成绩评定的依据之一。

(5)实习教学原则上集中进行。如确有需要进行分散实习的学生,应事先向院系提出申请,报院系批准后执行。对于同一门课程或同一类别的实习,不管是采取集中实习的方式,还是采取分散实习的方式,都要按照同一实习教学大纲的要求组织实习教学。在校外实习场所进行分散实习的学生在实习结束后除提交实习报告外,还须提交实习单位鉴定表。

(6)院(系、中心)要采取切实有力措施,及时解决实习教学中出现的各种问题,并做好每次实习教学情况的总结与存档工作。

第二节　实习教学大纲

一、生产实习目的

贝类增养殖学生产实习是水产养殖专业实践教学的重要组成部分。实习目的是培养学生的实践能力、创新能力和专业素质,掌握贝类人工育苗的生产技能,提高分析和解决问题的能力。

通过贝类人工育苗生产实习,使学生把在课堂所学的理论知识与生产实践相结合,经过实际生产过程的锻炼和生产实践的检验,进而掌握贝类苗种生产的工艺,掌握贝类人工育苗的技术和操作技能,培养分析和解决生产实际问题的能力及科学研究的能力,为今后从事贝类养殖生产和科学研究奠定坚实的基础。

二、实习要求

(1)了解贝类人工育苗的设施条件和海水处理系统,掌握设备和供水系统的使用方法。

(2)掌握贝类人工育苗的各个技术环节和生产操作技能。

(3)掌握饵料生物的生产性培养方法和在贝类人工育苗中的使用方法。

(4)了解贝类人工育苗生产环境、水质条件、变化规律以及与人工育苗的关系等。

(5)具体分析和解决生产常见问题的能力,以及开展科学研究的思路和方法。

三、实习内容

1. 基本要求

(1)掌握亲贝促熟、产卵、受精卵的处理、孵化、选优、幼虫培育、采苗、采苗后的管理和出池等育苗环节的技术要求和操作技能。

(2)掌握积温、有效积温的计算与应用。

(3)掌握卵、幼虫、稚贝的定量方法,计算受精卵、受精率、孵化率、成活率、采苗率和单位水体出苗量等。

(4)掌握扇贝等贝类胚胎发育与幼虫发育分期及其主要形态学特征,把握其与人工育苗系列措施的关系。

(5)掌握附着基的处理方法和使用方法。

(6)掌握饵料生物的扩种、生产培养方法和不同种类营养盐配方的使用。

(7)了解水质环境与贝类人工育苗的关系,掌握常规因子的变化情况。

(8)学习掌握综合归纳、分析各种数据、现象,撰写生产实习总结报告和实习中小型实验报告。

(9)初步具有分析贝类人工育苗生产与试验研究工作中存在问题的能力,并提出改进意见和建议。

2. 主要内容

(1)贝类人工育苗(以扇贝为主):①亲贝的促熟:种贝的选择,培育密度,水温、营养、环境条件的合理运用和控制。②产卵与受精卵的处理:有效积温或积温的应用,采卵方法(人工诱导或自然产卵),受精卵的处理,卵的定量,获卵量;受精率、受精卵量的计算。③孵化:孵化密度,孵化水温,孵化时间,初期面盘幼虫的孵化率。④选育:初期面盘幼虫的选优标准,选育方法和具体操作。⑤幼虫培育:幼虫的定量,培育密度,投饵,换水,移池,幼虫的检查,幼虫生长的测量等。⑥采苗:附着基的种类,附着基的处理,附着基的投放量。⑦后期的管理:附着变态率,变态期的观察,稚贝的生长,培育管理。⑧出池:出池前的环境调节,稚贝定量,出池操作。

(2)海洋浮游单胞藻培养。

(3)水质监测:①贝类人工育苗海区水质的测定。②亲贝培育期间常规因子的监测。③幼虫培育过程中常规因子的监测。④稚贝培育阶段常规因子的监测。⑤海洋浮游单胞藻培养中常规因子的监测。

(4)科学试验与研究:①针对贝类人工育苗中的实际问题设计试验。②结合实习地点的条件设计试验。③主要试验研究内容:受精卵发育分期及其形态特征;水质对扇贝浮游幼虫的影响;饵料生物对浮游幼虫的影响;浓缩或去液饵料育苗效果的研究;不同时期幼虫干露时间的研究等。

3.贝类增养殖方面的参观实习

(1)贝类的筏式养殖:养殖浮筏的设置,养殖种类,养殖方法。

(2)贝类的底播增殖:种类,底播方式,放流规格,密度,增养殖管理。

四、实习方式

1.生产实习方式

以班级为单位,根据实习基地所需实习人数,在教师指导下集中进行,严格执行教学目标和教学要求。为了保证生产实习质量,在一般情况下切忌把少数学生零星分散于多处,在教师无暇管理、无明确教学目标要求和严格监督考核的条件下进行生产实习。

2.组织和物质准备

按生产实习工作计划和教学大纲要求,充分做好教学文件、仪器、药品等物质准备工作,做好分组与干部安排等组织准备工作,认真召开实习动员会。

3.管理方式和方法

根据生产任务和教学要求,将学生划分成若干小组,跟班参加生产劳动,并定期轮换,使学生掌握各生产环节的关键技术;根据生产中出现的问题和收集有关的数据以及学科试验情况,定期召开研讨会。实习期间提倡吃苦、耐劳和克服困难的精神,虚心学习,相互协作,顾全大局,积极主动,遵守纪律,一切行动听指挥。

4.有计划地开展科学试验

实习期间有计划地进行科学实验工作,基础实验每个学生都要参加,以掌握贝类育苗的基本实验方法和技能,加深对相关基础理论的理解;综合性应用实验以小组为单位,每组3~4人,结合生产实习情况运用已有的知识和技能,深入育苗生产实际,重点培养提高分析问题和解决实际问题能力;研究性实验,把生产中的问题和对生产有指导作用的内容作为研究课题,实习前公布研究课题指南,学生5~6人为一组,自由选择题目,根据指南和生产实习中实际问题细化具体研究课题,查阅文献资料,在教师指导下独立完成实验设计和实施试验,撰写科学试验报告。

五、实习教学工作的纪律与安全

(1)所有参与实习的人员均须严格遵守学校和实习单位的规章制度,特别是实习现场的安全、保密规定和劳动纪律。

(2)实习期间如发生意外事故,实习指导教师要迅速向学校报告,并采取有效措施妥善处理。实习结束后,实习指导教师须写出详细的事故情况报告上交学校。

(3)因故不能参加实习者,应按规定向院系履行请假手续,并报教务处备案。实习期间请假,须经带队实习指导教师批准,并报教务处备案。擅自离开实习岗位者所发生的一切费用,由其本人负担。

六、实习报告

实习结束后,每个学生独立完成一篇实习报告,以培养学生分析问题、综合归纳数据、撰写工作总结和科学试验报告的能力。实习报告的内容包括生产实习总结和科学试验报告两大部分,4 000~6 000字。

(一)生产实习总结报告

1.概况

实习时间、地点、组织方式、主要内容(含参观访问)、实习计划和大纲完成的情况等。

2.主要成绩和收获

(1)用数据和图表概括贝类人工育苗等生产环节的关键技术。

(2)生产中遇到的问题及解决措施(理论依据和效果)等。

(3)幼虫培育过程中形态与数量的变化规律、摄食与生长规律以及对环境条件的适应或要求等科学试验。

3. 几点体会

(1)对生产实习重要性、理论与实践关系等的认识。

(2)生产实习对综合能力与素质培养的作用。

(3)在全面提高生产实习效益方面的认识与体会等。

4. 存在的问题与改进意见

对生产实习中存在的主要问题与改进措施提出具体意见。

(二)科学试验报告

根据在生产实习中进行的小型科学试验取得的数据和结果,按科技论文格式撰写科学试验报告,其格式为前言、材料和方法、结果(测试数据列成表或图并阐明结果)、讨论、参考文献、摘要(中、外文)。

七、实习考核与成绩评定

(1)实习教学考核原则上以考查方式进行,根据学生在实习中的表现、考试成绩和实习报告综合评定学生的实习成绩,采取"优秀"、"良好"、"及格"和"不及格"四级记分制,记录个人档案。

(2)鼓励实习指导教师采取多样化的考核方式,如撰写实习报告、笔试、口试、现场操作、设计以及大作业等。

(3)实习中的行为表现包括:劳动与工作态度、艰苦奋斗精神、动手操作能力、分析与解决问题能力、试验研究与治学态度、团结协作精神及组织纪律性等内容。

(4)实习报告的成绩,依据报告内容的全面性与深度(创新)、表述的逻辑性与清晰度,以及收获体会与建议内容进行综合评定。实习成绩原则上应呈正态分布。

(5)生产实习的考试一般为口试或口试与笔试相结合。口试采用抽题签的方式,一人一题,内容以生产实践为主。

(6)实习成绩"不及格"者,需重修。不参加实习或擅自离开实习岗位者,需重修。重修实习经费自理。

八、实习教学工作的总结与评估

(1)实习教学工作结束后,各院系应组织实习指导教师对实习教学工作进行全面分析和总结,形成书面报告。总结报告一般应包含以下内容:《实习教学方案》的落实情况、实习指导方法、实习效果分析与评估、存在问题、解决措施、经验体会、建议等。

(2)各院(系、中心)要收集整理学生的实习报告、实习记录、实习成绩表、实习教学工作总结等材料,并妥善存档。

九、时间安排

生产实习时间共 30~50 天,可根据实习地点、气候条件、实习贝类(主要扇贝)的繁殖季节等因素决定具体的实习时间。

第二章 贝类苗种生产实习指导

贝类的人工育苗是指从亲贝的选择、蓄养、诱导排放精子和卵子、受精、幼虫培育及采苗,均在室内人工调控下进行的。

人工育苗还具有许多优点:可以引进新品种;提早育苗和采苗,延长了生长期;可以防除敌害,提高了成活率;苗种纯,质量高,规格一致;可以进行多倍体育种以及通过选种和杂交等工作,培育优良新品种。

第一节 贝类人工育苗场的选择与总体布局

通过学生到生产单位实习,可以让学生亲自了解和掌握育苗场选择基本条件和总体布局的重要性和必要性。

一、育苗场的选择

(1)水质好,无工业、农业和生活污染的海区。应按海水水质标准进行选择,见表2-2-1。场址应远离造纸厂、农药厂、化工厂、石油加工厂、码头等有污染水排出的工厂,并应避开产生有害气体、烟雾、粉尘等物质的工业企业。

(2)无浮泥,混浊度较小,透明度大。

(3)盐度要适宜,场址尽量选在背风处,水温较高,取水点风浪要小。

(4)场区应有充足的淡水水源,总硬度要低,以免锅炉用水处理困难。

(5)场址尽可能靠近养成场。此外,还应考虑电源、交通条件,尽量不用或少用自备电设备,以便降低生产费用。

表 2-2-1　海水水质标准一览(mg/L)(国家环境保护局 1997—12—03 批准 1998—07—01 实施)

序号	项目	第一类	第二类	第三类	第四类
1	漂浮物质	海面不得出现油膜、浮沫和其他漂浮物质			海面无明显油膜、浮沫和其他漂浮物质
2	色、臭、味	海水不得有异色、异臭、异味			海水不得有令人厌恶和感到不快的色、臭、味

(续表)

序号	项目	第一类	第二类	第三类	第四类
3	悬浮物质	人为增加的量≤10		人为增加的量≤100	人为增加的量≤150
4	大肠菌群≤（个/升）	10 000 供人生食的贝类增养殖水质≤700			
5	粪大肠菌群≤（个/升）	2000 供人生食的贝类增养殖水质≤140			
6	病原体	供人生食的贝类养殖水质不得含有病原体。			
7	水温(℃)	人为造成的海水温升夏季不超过当时当地 1℃，其他季节不超过 2℃		人为造成的海水温升不超过当时当地4℃	
8	pH	7.8～8.5 同时不超出该海域正常变动范围的0.2pH单位		6.8～8.8 同时不超出该海域正常变动范围的0.5pH单位。	
9	溶解氧>	6	5	4	3
10	化学需氧量(COD)≤	2	3	4	5
11	生化需氧量(BOD_5)≤	1	3	4	5
12	无机氧(以N计)≤	0.20	0.30	0.40	0.50
13	非离子氨(以N计)≤	0.020			
14	活性磷酸盐(以P计)≤	0.015	0.030		0.045
15	汞≤	0.000 05	0.000 2		0.000 5
16	镉≤	0.001	0.005	0.010	
17	铅≤	0.001	0.005	0.010	0.050
18	六价铬≤	0.005	0.010	0.020	0.050
19	总铬≤	0.05	0.10	0.20	0.50

(续表)

序号	项目	第一类	第二类	第三类	第四类
20	砷≤	0.020	0.030	0.050	
21	铜≤	0.005	0.010	0.050	
22	锌≤	0.020	0.050	0.10	0.50
23	硒≤	0.010	0.020		0.050
24	镍≤	0.005	0.010	0.020	0.050
25	氰化物≤	0.005		0.10	0.20
26	硫化物（以 S 计）≤	0.02	0.05	0.10	0.25
27	挥发性酚≤	0.005		0.010	0.050
28	石油类≤	0.05		0.30	0.50
29	六六六≤	0.001	0.002	0.003	0.005
30	滴滴涕≤	0.000 05	0.000 1		
31	马拉硫磷≤	0.000 5	0.001		
32	甲基对硫磷≤	0.000 5	0.001		
33	苯并（a）芘（μg/L）≤	0.002 5			
34	阴离子表面活性剂（以 LAS 计）	0.03	0.10		
35	放射性核素（Bq/L） ^{60}Co	0.03			
	^{90}Sr	4			
	^{106}Rn	0.2			
	^{134}Cs	0.6			
	^{137}Cs	0.7			

二、育苗场的总体布局

育苗室、饵料培养室多采用天然光和自然通风，在布局上尽可能向阳。沉淀池、砂滤池（或砂滤罐）要建在地势较高处。为了减少锅炉房烟尘、噪音、煤灰、灰渣对环境的污染，应位于主导风向的下风向，但锅炉房主要是供育苗室热量，考虑节能与管理又不能离育苗室太远。水泵房要根据地形、潮水、水泵的扬程和吸程等情况选择合适位置,一般不要建在离场区太远处,以便于管理。风机房一般安装罗茨鼓风机,因罗茨鼓风机噪音较大,不宜离育苗室太近。变配电室要根据高压线的位置,一般设在场的一角。电力不足的地方应建小型发电机室,发电机室和变配电室的配置要合理,两室常建在一起。

第二节 人工育苗的基本设施

通过学生实习,让学生了解实习单位的设备类型和结构,熟悉其使用方法和作用。

一、供水系统

一般采用水泵提水至高位沉淀池,水经过砂滤池(或砂滤罐)过滤处理后再入育苗池和饵料池。

(一)水泵

1.水泵的种类

水泵的种类较多,由于构件不同可分为铸铁泵、不锈钢泵、玻璃钢泵等;由于性能不同,又有离心泵、轴流泵和井泵等。

从海上提水最常用的是离心泵。室内打水和投饵尚使用潜水泵。离心水泵需固定位置,置于水泵房中。通常一个水泵房有两台甚至多台水泵同时运行或交替使用。潜水泵体积小,较轻,移动灵活,操作方便,不需固定位置,但它的流量和扬程受到限制。

2.位置

水泵的吸程应大于水泵的位置和低潮线的水平高程。扬程必须大于水泵到沉淀池(或蓄水池)上沿的水平高程。

3.水管

水管为铁管、塑料管、胶管或陶瓷管,严禁使用含有毒质的管道。抽水笼头应置于低潮线以下。

(二)沉淀池

沉淀池一般建在地面以上,常建于高位,兼作高位水池。

1.总容量

总容量为育苗池水体总容量的2~3倍,沉淀时间在48小时以上为好。

2.构造

沉淀池一般呈长方形或圆形,砖、石砌,内层应抹五层防水层。为达黑暗沉淀,池顶加盖。池底应有 1‰～3‰ 的坡度,便于清刷排污。池下部设排污口和供水口,顶部应设有溢水口。沉淀池一般可分成 2 至数格。

沉淀池若建在地势较低处,则需有二级提水设备。

(三)砂滤器

沉淀池的水必须经过砂滤后方可进入育苗室和饵料室。目前使用的砂滤器有砂滤池、砂滤罐和砂滤井等。

1.砂滤池(图 2-2-1)

这是敞口过滤器,自下而上铺有不同规格的数层砂粒或其他滤料。砂滤池底部留有蓄水空间,其上铺有水泥筛板或塑料筛板。筛板上密布1～2 cm的筛孔,其上铺有2～3层网目为1 mm左右的聚乙烯网或塑料筛板。再往上铺20 cm厚的粒径为2～3 mm的砂,最上一层为80～100 cm厚的粒径为0.15～0.2 mm的砂。

砂滤池至少应有 2 个,滤水能力应达到 10～20 m³/(m²·h),过滤后的海水不应含有原生动物。总滤水量视育苗池容量而定。为要保证育苗池每日换水需要,可适当扩大过滤面积和过滤水的容量。

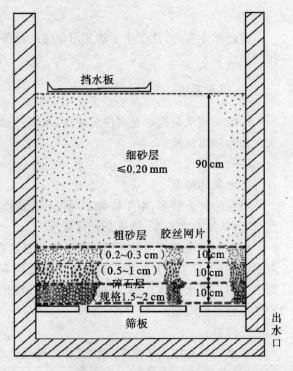

图 2-2-1 砂滤池断面示意图

2.砂滤罐(图 2-2-2)

砂滤罐为封闭式过滤器,一般采用钢筋混凝土加压过滤器,有反冲洗装置。内径3 m左右,过滤能力达20 m³/(m²·h)。砂层铺设基本同砂滤池。砂滤罐滤水速度快,有反冲作用,能将砂层沉积的有机物、无机物溢流排出。

3.砂滤井(图 2-2-3)

在砂质底潮区或蓄水池中也可打深水井,作为育苗用水,是目前进行贝类育苗水处理效果好、投资少、育苗成功率高的较理想的装置。此外,冬季水温低时供水的温度比正常海水高 2～3℃,夏季高温时比正常海水低 2～3℃。

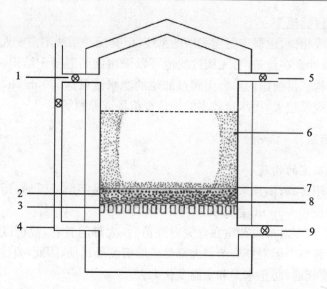

1.进水管；2.粗砂；3.筛板；4.反冲管；5.溢水管；6.细砂；7.聚乙烯网目(80目)；8.碎石；9.出水管

图 2-2-2　反冲式砂滤罐断面示意图

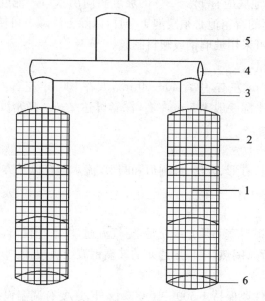

1.砂浆管；2.筛绢；3.聚乙烯支管；4.聚乙烯连接管；5.聚乙烯主管道；6.聚乙烯板盖

图 2-2-3　砂滤井示意图

4. 无阀过滤池

与砂滤罐相似,也属于封闭式砂滤系统,但其反冲系统不需要人工和阀门的控制,自动反冲。在建造上,无阀过滤池可以采用钢筋混凝土结构,也可以采用玻璃钢质结构。目前国内单台无阀过滤池的滤水量可达500 m³/h左右。因此,广泛适用于规模较大、用水量较多的鲍鱼育苗场或养殖场。

二、育苗室

(一)育苗室的构筑

一般多用砖砌,屋顶采用钢梁或木梁结构,呈人字形或弧形,瓦顶或玻璃钢瓦顶。一般长40~50 m,宽15 m左右。

在我国,许多对虾育苗室在育完对虾苗后,大都闲置着,故可以用它来进行贝类的人工育苗。但对虾育苗室大都是玻璃钢波形瓦顶,因此,要注意室内设遮光帘,空气要流通,防止水温和室温变化太大。

(二)育苗池

1. 育苗池建造

常用100♯水泥、砂浆和砖石砌筑,也可采用钢筋混凝土灌铸。一般水池池壁砖墙厚24 cm,池底应有1‰~2‰的坡度斜向出水口。池壁及池底应采用五层水泥抹面,新建的育苗池必须浸泡1个月,以除去泛碱方可使用。

小型育苗池可采用玻璃钢或塑料制成。

2. 育苗池容量

小者每个10 m³左右,中者40~60 m³,大者100 m³左右。总容水量视育苗规模而定。有效水深一般1.5 m左右,深者可达2 m。高密度反应器每个容量一般0.4~0.6 m³。

3. 苗池形状

苗池形状为长方形、方形、椭圆形和圆形,流水培育以长方形为好。

三、饵料室

一个良好的饵料室必须光线充足,空气流通,供水和投饵自流化。饵料室四周要开阔,避免背风闷热,屋顶用透光的玻璃钢波纹板覆盖。

1. 保种间

除了光照条件要保持1 500~10 000 lx外,还要有调温设备,冬季温度不低于15℃,夏季不超过20℃,一般生产上1 m³二级饵料池需1 m²保种间。

2. 闭式培养器

利用(1~2)×10⁴ mL 细口瓶、有机玻璃柱、玻璃桶、乙烯薄膜塑料袋,进行饵料一级、二级扩大培养。闭式培养有防止污染、受光均匀,并有温度、溶解氧、CO_2、pH 值和营养物质等培养条件的调节与控制,具有培养效率高的特点。

3. 敞式饵料池

敞式饵料池培养总容量为育苗池的 $1/4\sim1/2$,池深 0.5 m,方或长方形。池壁铺设白瓷砖或水泥抹面。小型饵料池一般为 2 m×1 m×0.5 m,可用于二级扩大培养;大型饵料池一般为 3 m×5 m×0.8 m 左右。

四、充气系统

充气是贝类高密度育苗不可缺少的条件。充气的作用是多方面的,它可以保持水中有充足的氧气;促进有机物质的氧化分解和氨氮的硝化;使幼虫和饵料分布均匀,可防止幼虫因趋光性而引起的高密度聚集;减少幼虫上浮游动的能量消耗,有利于幼虫发育生长;可抑制有毒物质和腐生细菌的产生和原生动物的繁殖。

1. 充气机的选用

贝类工厂化育苗充气增氧可选用罗茨鼓风机、空气压缩机、电动充气机或液态氧充气等。一般多使用罗茨鼓风机。

罗茨鼓风机的风量大,省电又无油,1.5 m 深的育苗池可使用风压 $(2\,000\sim3\,500)\times0.133$ kPa 的鼓风机,水深 2 m 的育苗池可选用风压 $(3\,500\sim5\,000)\times0.133$ kPa 的鼓风机。此外,还可以使用空气压缩机和电动充气机,但这些机器的风量小。一般育苗池每分钟充气量为培育水体的 $1\%\sim5\%$,若一个 500 m^3 的水体的育苗池、水深 1.5 m 左右,可选用风量为 12.5 m^3/min、风压为 $3\,500\times0.133$ kPa 的罗茨鼓风机 3 台,2 台运行,1 台备用。其他充气机也应通过计算选用。

2. 充气管和气泡石

罗茨鼓风机进、出气管道用塑料管,各接口应严格密封不得漏气。为使各管道压力均衡并降低噪音可在风机出风口后面加装气包,上面装压力表、安全阀、消音器。通向育苗池所使用的充气支管应为塑料软管或胶皮管,管的末端装气泡石(散气石)。气泡石一般用 140♯金刚砂制成,长 5 cm,直径 3 cm 左右。池底一般设气泡石 1 个/平方米。

五、供热系统

为缩短养殖周期,提早加温育苗便是十分必要的。加温育苗可以加快幼虫生长和发育速度,还可以进行多茬育苗。

加温方式可分为电热、充气式、盘管式、水体直接升温等。

1. 电热

利用电热棒和电热丝提高水的温度。这种方法供热方便，便于温度自动控制，适于小型育苗池。其缺点是成本高，大量育苗尤其是电力不足的地区不容易实现。一般设计要求每立方米水体需 0.5 kW 的加热器。

2. 充气式

利用锅炉加热，直接向水体内充蒸汽加热，适于大规模育苗。这种方法使用的淡水质量要求较高，必须有预热池。

3. 盘管式

盘管式也是利用锅炉加热，管道封闭，在池内利用散热管间接加热。散热管道多是无缝钢管、不锈钢管。不管那种管道，管外需加涂层，利用环氧树脂、RT-176 涂料进行涂抹，或者涂抹一层薄薄的水泥，也可用塑料薄膜缠绕管道 2 层，利用温度将薄膜固定于管道上。这种方法虽加热较慢，但不受淡水影响，比较安全和稳定。可利用预热池预热，也可直接在育苗池加热，是目前主要加热方式之一，见图 2-2-4。

图 2-2-4　加热

4. 水体直接升温式

采用"海水直接升温炉"直接升温海水，可以弥补传统锅炉的不足，在生产中已收到良好效果。它具有许多优点：一是省去锅炉升温系统的水处理设备，一次性投资可节约 50% 左右；二是无压设备，操作简单，安全可靠；三是直接升温海水，不结垢，不用淡水；四是运行费用可降低 30%。是目前中小型企业主要加热方式。

六、供电系统

电能是贝类人工育苗的主要能源和动力。供电系统的基本要求是：

1. 安全

在电能的供应、分配和使用中,不应发生人身事故和设备事故。

2. 可靠

应满足供电单位对供电可靠性的要求,育苗期间要不间断供电,假如电厂供电得不到保证时,应自备发电机,以被电厂停电时使用。

3. 优质

应满足育苗单位对电压质量和频率等方面的要求。

4. 经济

供电系统的投资要少,运行费用要低,并尽可能地节约电能和减少有色金属的消耗量。

七、其他设备

1. 水质分析室及生物观察室

为随时了解育苗过程中水质状况及幼虫发育情况,应建有水质分析室和生物观察室,并备有常规水质分析(包括溶解氧、酸碱度、氨态氮、盐度及水温和光照等)和生物观察(包括测量生长、观察取食和统计密度等)的仪器和药品。

2. 附属设备

附属设备包括潜水泵、筛绢过滤器(过滤棒、过滤鼓或过滤网箱、拖网)、清底器、搅拌器、塑料水桶、水勺、浮动网箱、采苗浮架、采苗帘和网衣等。也可利用鱼虾类、海参和藻类育苗室,根据育苗要求,稍加以改造,作为贝类育苗室,这样可以提高设备的利用率。

第三节　育苗用水的处理

一、育苗用水的处理方法

“水、种、饵、密、混、轮、防、管”是水产养殖八字方针。在海水贝类养殖中,水质是工厂化人工育苗和养殖的关键。水质不洁或处理不当均可导致育苗和养殖的失败。在工厂化人工育苗和养殖中除了按照海水水质一类和二类标准选择水质外,还应该对海水进行处理。若不经处理或处理不当,都能导致工厂化人工育苗和养殖的失败。当前常用海水处理方法有物理、化学和生物三种。海水处理工艺示意如图 2-2-5 所示。

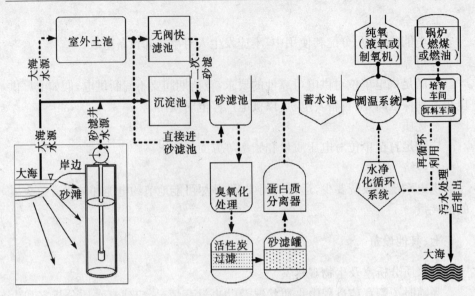

图 2-2-5　海水处理工艺示意图

（一）物理方法

1. 砂滤

砂滤是工厂化人工育苗和养殖处理水主要的和基本的方法。它是通过水的沉淀和过滤等方法把悬浮在水中的胶体物质和其他微小物体和水分离。砂滤方法大致可分为砂滤池、砂滤罐、砂滤井和陶瓷过滤器等过滤方法。

（1）砂滤池：经沉淀后的海水，依排水的重力，使水通过砂滤池。砂滤池常用的滤料有砂、砾石、牡蛎壳、石英砂、麦饭石、微孔陶瓷、珊瑚砂、硅藻土等。砂滤最细一层砂料直径在 0.15~0.20 mm，有效深度达 1 m 左右。

这种方法过滤的水质量较好，但过滤速度较慢，并且要勤洗换表层的过滤砂。为了提高滤水效率，或可以经过两次砂滤池过滤，或者可以先经砂滤罐过滤，然后再入砂滤池过滤。

砂滤池体积大，表面积大，不需要反冲。如发现细砂层被污物淤塞，水流不畅，应放掉水后，把上层 5~10 cm 的细砂去掉，换上新鲜的细砂即可。

（2）砂滤罐：砂滤罐属于封闭式砂滤系统，滤料及其铺设方法基本同砂滤池，这种过滤法速度较快，反冲方便。但其必须应用压力或真空技术，才能实现快速过滤的目的。动力一般通过水泵提供，亦有利用自然水位差使水通过砂滤罐。为了提高过滤水的质量，可将两个过滤罐串联使用；串联的两个过滤罐的滤料可以是一样的，也可以一个粗滤，另一个精滤。聚集在滤料表面的污物，通过反冲排出去。这种方式缺点是在反冲时易破坏滤层。也可采用无阀过滤池过滤海水,见图2-2-6。

图 2-2-6　无阀过滤池

(3)砂滤井:在砂质底的海边,中上潮区可以打井,让海水渗到底下井中。为了保证水量,可以3~4个串联,并直通高潮线附近的深井中;也可以利用海水蓄水池,在池内人工挖建一个地下砂滤井。砂滤井的海水夏季水温低,冬季水温高,而且水的质量较高,没有有机物污染。因此,育苗成功率较高,并且对工厂化养殖也十分有利,可以降低成本。但在使用前,应检测水的盐度和酸碱度等化学指标,是否附合一类和二类海水的水质标准。

2.控温

为调整和缩短养殖周期,提早进行贝类人工育苗,进行水的控温便是十分必要的。贝类工厂化人工育苗和养殖一般采用升温的方式。升温可分电热、汽刺式、盘管式和水体直接升温四种方式,可以根据具体设施灵活掌握。生产中一般采用刺气式、盘管式和水体直接升温方式加热水温,而电热方式较少采用,电热方式只适合小型育苗过程中使用。

3.活性炭吸附

活性炭是一种吸附能力很强的物质,1 kg 颗粒活性炭的表面积可高达$1×10^6$ m²。活性炭是用煤、木材、坚果壳或动物骨骼制成的。尚未使用的活性炭必须用清水洗去粉尘方可利用,使用过的活性炭可以用热水、蒸汽处理重新使之活化。小型活性炭处理水时,每1~1.5个月更换活性炭1次,大型处理时,可根据流出水的有机含量来决定是否需要更换活性炭,如果有机物含量增多,就应更换活性炭。

近年来,利用竹炭吸附取得了较好效果。竹炭的最大特性是分子结构呈六角形,质地坚硬,细密多孔,表面积为$7×10^6$ m²/kg。竹炭含有丰富的矿物质,是木炭的5倍,吸附能力是木炭的10倍以上。竹炭具有除臭、放入水中使水呈碱性(pH 值为 8～9)、杀菌、漂白等效果。

活性炭吸附能力强,是一种很好的过滤器材。可以制作专用的活性炭过滤器,该过滤器为一直径 50～80 cm 的圆桶,放在砂滤池或砂滤罐后面;也可以放在砂滤池或砂滤罐的细砂层下面。使用前要用淡水淘洗干净,使用一段时间后,可烘干、淘洗后,继续装填使用。

4. 泡沫分选

这项技术也称蛋白质分离技术。泡沫分选是分离水中溶解的有机物质和胶体物质的有效方法。通过气浮方式来脱除海水中悬浮的胶体、纤维素、蛋白质、残饵和粪便等有机物。在水中通气后,溶解有机物和胶体物质(大小为 0.001～0.1 μm)在气泡表面形成薄膜,气泡破裂后,破碎的薄膜留下,聚积成堆,易于被清除。为了提高泡沫分选效率,充气要足而均匀。也可采用泡沫分选增气机,提高泡沫分选效果。蛋白质分离器就是利用泡沫分选原理并与臭氧联合使用,可有效地除去水中的悬浮物、蛋白质和氨氮,并增加水中的溶解氧,同时具有杀菌消毒作用。

5. 紫外线照射

利用紫外线处理海水,可以抑制微生物的活动和繁殖,杀菌力强而稳定。此外,它还可氧化水中的有机物质,具有改良环境、设备简单、管理方便、节电和经济实惠等特点。常用的紫外线处理装置主要有紫外线消毒器。一般使用的紫外线波长为 400 μm 以下,有效波长 240～280 μm,最有效的波长为 240 μm。近年来,我国紫外线消毒器型号不一,有许多生产厂家。紫外线消毒器具有使用方便、效率较高、消毒效果稳定、不产生有害物质、对水无损耗、成本低等特点。

6. 磁化水

磁场处理水(简称磁水)是指以一定速度垂直流过适当磁场强度的水,即水流横过(切割)磁力线,有时也称为磁化水。磁化水在工业和农业已得到了广泛应用,我们利用磁化水培养单胞藻饵料以及进行贝类幼虫培育收到了良好效果。

磁化水对生物体的作用机理是一个多指标的综合效果。它可以使水产动物的酶和蛋白质的活性增加,从而促进生物体的代谢、生长、繁殖、感觉和运动;可以提高生物膜的渗透作用及生物体的吸收与排泄功能;能影响生物体内电子、自由基的活动;可引起水的某些物理、化学性质的变化,增加水的密度、黏度,表面张力增大,光吸收增加,离子溶解度大,酸碱度偏高,溶解氧增加,胶体物质减少等。

水产养殖上常使用人工制作的电磁场让水流通过,或专门制造的磁化水器,安装在进水口的周围,磁场强度为 0.7 T(7 000 Gs)以上。

磁化水对海水养殖育苗有以下作用:改善水质,增加溶解氧;增加单胞藻对光和营养盐的吸收;增加新陈代谢,加快生长速度,增强抗病力,减少死亡率,特别是对恶劣环境的抵抗力增加;促进性腺成熟,提高产卵量,提高海洋动物孵化率和成活率等。

（二）化学方法

1.充气增氧

充气可增加水中溶解氧的含量,促进育苗池和养成池中有机物质和其他代谢物质的氧化,是高密度育苗和养殖的气体交换形式,改良水质的重要措施。

分散的气体在通过水体时,进行水、气混合充氧。如鼓风机和空气压缩机将空气通过气泡石后在水中产生细小的气泡,气泡在通过水体时,使空气与水混合。使用空气压缩机,因其含微量的油,需要经过活性炭吸附和水洗涤后方可使用。

在充气过程中,气体的溶解度与气泡的大小成反比。当气泡大小为 $0.04\sim0.08$ cm 时,可有 $70\%\sim90\%$ 气体溶于水中。但气泡太小时,在水中又不能立即被破坏,且易附于动物体上,对幼虫发育不利。

有条件最好采用液态氧进行充气。也可利用制氧机增氧。

2.臭氧处理水

臭氧处理水是通过臭氧发生器产生臭氧,通入水中处理一段时间后或经专门臭氧处理塔处理,把处理水通过活性炭除去余下的臭氧后,再通入育苗池和养成池。

臭氧处理水技术是当前一种先进的净化水技术。臭氧的产物无毒,使水中含有饱和溶解氧。臭氧可杀死细菌、病毒和原生动物;可脱色、除臭、除味;可以除去水中有毒的氨和硫化氢,净化育苗和养殖水质。

3.高分子吸附剂的应用

高分子重金属吸附剂是由聚苯乙烯基球,表面健合对重金属离子选择性作用的基团,粒径为 $0.3\sim1.2$ mm。现广泛应用于环境保护分析化学等领域,可从不同成分的溶液中除去重金属离子(如铜离子、锌离子、铅离子、镉离子等),从而消除重金属离子对海洋生物的毒性。具体做法是在进入育苗池前,采用动态吸附法即水按一定流速经过装有高分子吸附剂的管子,经其吸附后,进入育苗池和养成池。也可以采用挂袋(90 目大小)方式直接在育苗池和养成池中放入高分子吸附剂的半静态吸附法吸附,一般 $1m^3$ 水中放 1 g,吸收 $30\sim40$ 小时,放入稀盐酸中处理一下即可再使用,可反复使用多次。

4.硫酸铝钾处理

硫酸铝钾俗称明矾,系无色透明晶体,分子式为 $K_2SO_4 \cdot Al_2(SO_4)_3 \cdot 24H_2O$ 或 $KAl(SO_4)_2 \cdot 12H_2O$,其水解后产生氢氧化铝 $Al(OH)_3$ 乳白色沉

淀。难电解的氢氧化铝,可以吸附水体中的胶体颗粒,并使颗粒越来越大,形成棉絮状沉淀,沉积于水底,从而提高水的透明度,这就是明矾净化海水的原理。胶体物质粒径(r)为 0.001～0.1 μm,它具有一系列特性:特有分散程度,使其扩散作用慢;渗透压低,不能透过半透膜;动力稳定性强,乳光亮度强,粒子小,表面积大,表面能高,有聚沉趋势;电子显微镜可以见到。一般浮泥多,胶体物质多;胶质物质多,水的透明度较低。使用硫酸铝钾处理海水适用于浮泥和胶体物质较多的不洁之水。可以加 0.5～1 g/m³ 硫酸铝钾净化海水。硫酸铝钾应在一级提水时加入,需经黑暗沉淀,然后取其上层海水进行过滤后才能使用。

5. 三氯化铁处理

三氯化铁在水中可以产生氢氧化铁($Fe(OH)_3$)沉淀,氢氧化铁可以吸附水中的胶体物质,使其下沉,从而提高海水的透明度。三氯化铁一般使用浓度为 1～3 g/m³,应加在沉淀池中。

6. 乙二胺四乙酸二钠(EDTA 钠盐)处理

海水中重金属如铜、汞、锌、镉、铅、银等离子含量超过养殖用水标准,易造成水质败坏,影响人工育苗效果。为防重金属离子对海洋动物的毒害作用,一般在沉淀池中可以加乙二胺四乙酸二钠(EDTA 钠盐)2～3 g/m³,以螯合水中重金属离子,使之成为络合物,失去重金属离子作用。

7. 漂白液或漂白粉处理水

漂白液或漂白粉消毒处理海水,主要用在单胞藻饵料的培养上。加 25 g/m³ 有效氯的漂白液或漂白粉消毒海水,可将水中的细菌、杂藻和原生动物杀死。然后,用硫代硫酸钠进行中和。

(三)生物处理

生物处理是以微生物和植物的活动为基础。微生物除了分解和利用有机物质外,它们还能产生维生素和生长素等,使得培养的幼虫或稚贝保持健康。植物可以利用溶解于水中的氨态氮,使培养生物免受代谢产物——氨态氮的危害,还可调整水的酸碱度。生物处理分微生物处理法和藻类处理法两种。

1. 微生物处理法

(1)简易微生物净化:水的砂滤处理中,在滤床的砂层表面往往由于有机物的堆积和微生物的繁殖,使得整个滤床转变为微生物过滤器,这就是较为简单的生物过滤器。在卵石、砂等有孔隙的滤料之间,原生动物和细菌自然形成生物薄膜,借助于微生物的作用,以减少水中氨氮、亚硝酸氮、硝酸氮的含量。

(2)生物转盘:这是一种较为先进的海水生物处理法。生物转盘的基本原理在于它依靠转盘盘面上生长的微生物把水中含有的氨态氮、亚硝酸氮转化为无害的硝酸盐,达到净化育苗用水的目的。生物转盘为一个多平板的转动圆盘,半浸于水中。经过一段时间的熟化,盘上长满了生物膜。附着在盘面上的生物膜随着盘板的不断转动,生物膜均匀地与水池中的海水接触,将海水净化。

(3)生物网笼和生物桶:网笼内放网衣、纤维滤料或塑料薄膜,塑料桶内放塑料薄片或塑料球,构成生物网笼和生物桶。笼内网衣或塑料薄膜,桶内塑料薄片或塑料球均长满微生物,水不断经过网笼和桶,使水得到净化。为了提高净化效果,应增加生物网笼和生物桶的数量。

(4)流化床生物过滤器:它是采用直径150 μm左右的石英砂作为滤料,利用上升流将细砂漂浮容器中,细砂表面易长满硝化细菌等微生物。利用硝化细菌等生物方式将水中的氨、亚硝酸盐等物质转化为硝酸盐,进一步达到净化水质的目的。

此外,也可采用滴流式生物过滤池或浸没式生物过滤池进行海水的净化处理。

(5)光合细菌:光合细菌是一类革兰氏阴性细菌,是最复杂的细菌菌群之一。目前应用的主要种类是红色无硫细菌(Rhodospirillaceae)。光合细菌无论在厌氧光照条件下,还是在好氧无光照条件下,都能充分利用育苗水体和养成水体中有害物质如硫化氢、氨、有机酸等有毒物质以及其他有机污染物作为菌体生长、繁殖的营养成分。在育苗和养殖水体中,它是一类水净化营养菌,具有清池和改良环境的作用,氨氮去除率达66%以上。光合细菌营养价值高,在海洋生物幼虫培育中光合细菌均可作为辅助饵料投喂。

光合细菌是一类微生物,对抗菌素较为敏感,因此,在育苗池中加光合细菌时,应禁止投放抗菌素。相反,若投放抗菌素抑菌,则应禁止投光合细菌入池。

2.藻类处理法

利用藻类来处理育苗和养殖用水的机理是藻类利用氮和二氧化碳,经过光合和同化作用合成为蛋白质和碳水化合物,同时释放出氧,改善水的酸碱度,达到净化目的。藻类处理海水可分为大型藻类和微型单细胞藻类两种类型。在利用大型藻类净化时,是把藻类放入光照条件良好或安装有日光灯的水槽中让水通过水槽以去掉水中的氮化合物;利用单胞藻类时,在水槽中培养单细胞藻类,水经过单细胞藻处理后再经砂滤,流进育苗池和养成池中。为了促使单细胞藻繁殖生长,应保证有充足的光线。

二、贝类育苗的水质监测

通过学生的生产实习,巩固水化学分析方法在生产中的具体应用,掌握水质监测在贝类育苗中的重要性,了解水是贝类育苗成败的关键。

1.贝类人工育苗用水海区和过滤水的测定

育苗期间定期监测育苗用水的海区水质情况和过滤海水水质的变化情况，测定的具体内容有溶解氧、氨氮、盐度、pH、COD 等指标，具体应视育苗水质情况而定。

2.贝类人工育苗期间常规因子的监测

(1)水温(T)：用温度计测，每天 4 次定时测水温，每次换水前、后测水温，用暖气管加热的池应 2～3 小时测一次水温。计算每天的平均水温。

(2)盐度(S)：用光学折光盐度计或海水比重计测，每日一次，尤其降雨天气时更要注意盐度的变化。

(3)酸碱度(pH)：用酸度计测，每日测一次。

(4)溶解氧(DO)：用碘量法测定，每日测一次。

(5)化学需氧量(COD)：用碱性高锰酸钾法测定，每日测一次。

(6)氨态氮(NH_3-N)：用奈氏比色法测定，每日测一次。

以上指标测定均按常规水化学分析方法进行。也可使用多功能水质分析仪，每天进行分析，将测得水质指标提供给育苗车间和技术人员。

3.贝类育苗需要的水环境条件

(1)水温：保持最适宜的水温培养，虾夷扇贝为 12～16℃，栉孔扇贝为 16～22℃，海湾扇贝为 20～26℃，日温差不超过±1℃。确保幼虫在最适宜温度范围内，并根据各育苗场的具体条件而定。

(2)pH：7.8～8.2，最高不超过 8.5。

(3)盐度：一般为 30 左右。盐度的骤降危害幼虫生长和存活，特别注意大的降雨过程中造成短时间盐度的大幅度下降。此时注意小换水或不换水。

(4)溶解氧：一般不低于 4 mg/L。

(5)氨氮：低于 100 μg/L。

(6)化学需氧量：低于 3 mg/L。

(7)光照强度：200～800 lx，采苗时控制在 500 lx 以下。

第四节　贝类幼虫的饵料及饵料培养

一、单细胞藻类的培养

(一)饵料单胞藻的基本条件

饵料是贝类幼虫生长发育的物质基础。由于贝类幼虫很小，它只能摄食单细胞藻类(图 2-2-7)。单细胞藻类需具备下列基本条件：

（1）个体小，一般要求直径在 10 μm 以下，长 20 μm 以下。

（2）营养价值高、易消化、无毒性。

（3）繁殖快，易大量培养。

（4）浮游于水中，易被摄食。

（5）饵料要新鲜、无污染。

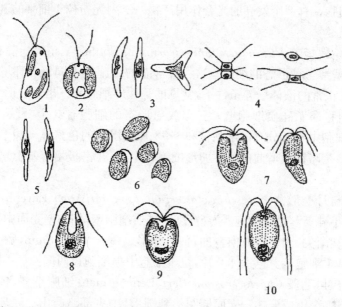

1. 等边金藻；2. 湛江叉鞭金藻；3. 三角褐指藻；4. 牟氏角毛藻；5. 小新月菱形藻；6. 异胶藻；
7. 亚心形扁藻；8. 盐藻；9. 青岛大扁藻；10. 塔胞藻

图 2-2-7　贝类育苗常用的饵料单胞藻

（二）常用单胞藻饵料种类及其形态

1. 金藻类

（1）等鞭金藻 3011、等鞭金藻 8701 *Isochrysis galbana* Parke：等鞭藻为裸露的运动细胞，正面观呈椭圆形，幼细胞略扁平，有背腹之分，侧面观为长椭圆形。活动细胞长 5～6 μm，宽 2～4 μm，厚 2.5～3 μm。具 2 条等长的鞭毛，长度为体长的 1～2 倍。色素体 2 个，侧生，大而伸长，形状和位置常随身体的变化而变化。细胞具有 1 个小而暗红的眼点。储藏物是油滴和白糖素，随着细胞的老化，白糖素的体积逐渐增大，直到充满细胞的后部。

（2）湛江等鞭金藻 *Isochrysis zhanjiangensis*. Hu. var. sp.：湛江等鞭藻的运动细胞多为卵形或球形，大小为(6～7)μm×(5～6)μm。细胞具几层体鳞片，在细胞前端表面有一些小鳞片。具有 2 条等长的鞭毛，从细胞前端伸出。两条鞭毛中间有 1 呈退化状的附鞭。色素体两片,侧生,金黄色,细胞核位于细胞后端两片色素体之间。一个或几个白糖素颗粒位于细胞中部或前端。

（3）绿色巴夫藻 *Pavlova viridis*：细胞为运动型单胞体,无细胞壁,正面观呈圆形,侧面观为椭圆形或倒卵形,细胞大小为 6 μm×4.8 μm×4 μm。光学显微镜下能见到一条长的鞭毛,长度为细胞体长的 1.5～2 倍,色素体 1 个,裂成两大叶围绕着细胞。有 2 个发亮的光合作用产物——副淀粉位于细胞的基部。

2. 硅藻类

（1）三角褐指藻 *Phaeodactylum tricornutum* Bohlin：三角褐指藻有卵形、梭形、三出放射形三种形态的细胞。这三种形态的细胞在不同培养环境下可以互相转变。在正常的液体培养条件下,常见的是梭形细胞和三出放射形细胞,这两种形态的细胞都无硅质细胞壁。三出放射形态的细胞有 3 个"臂",臂长皆为 6～8 μm,细胞中心部分有 1 细胞核和 1～3 片黄褐色的色素体。梭形细胞长约 20 μm,有 2 个略钝而弯曲的臂。卵形细胞较少见,在平板培养基上培养可出现卵形细胞。

（2）小新月菱形藻 *Nitzschia closterium f. minutissima* Ehrenb：小新月菱形藻俗称"小硅藻",是单细胞浮游硅藻,具硅质细胞壁,细胞壁壳面中央膨大,呈纺锤形,两端渐尖,皆朝同方向弯曲,似月牙形。体长 12～23 μm,宽 2～3 μm,细胞中央具 1 细胞核。色素体 2 片,位于细胞中央细胞核两侧。

（3）牟氏角毛藻 *Chaetoceros muelleri* Lemmerman：细胞小型,多数呈单细胞,有时 2～3 个组成群体。壳面椭圆形到圆形,中央部略凸出。壳环面呈长方形至四角形。细胞大小为（4～4.9）μm×（5.48～8.4）μm（环面观）。角刺细长,圆弧形,末端稍细,约 20 μm。色素体 1 个,呈片状,黄褐色。

（4）纤细角毛藻 *Chaetoceros gracilisschutt*：细胞小型,多呈单细胞,有时 2～3 个细胞组成链状,大小 5～7 μm×4 μm,角刺长 30～37 μm。

3. 绿藻类

（1）青岛大扁藻 *Platymonas halgolandica* var. *tsingtaoensis*（Tseng et Chang）：又名青岛卡德藻（*Tetraselmis halgolandica* var. *tsingtaoensis*（Tseng et Chang）），体长为 16～30 μm,宽 12～15 μm,厚 7～10 μm。卵圆形,前端较宽阔,中间有一浅的凹陷,鞭毛 4 条由凹处伸出。细胞内有一大型、杯状、绿色的色素体。藻体后端有一蛋白核,具红色眼点,有时出现多眼点特性。

（2）亚心形扁藻 *Platymonas subcordiformis*（Wille）：又名亚心形卡德藻（*Tetraselmis subcordiformis* Wille）,藻体一般扁压,细胞前面观呈广卵形,前端较宽阔,中间有一浅的凹陷,鞭毛 4 条,由凹处伸出。细胞内有 1 大型、杯状、绿色的色素体。藻体后端有一蛋白核,蛋白核附近具 1 红色眼点。体长

11～14 μm,宽 7～9 μm,厚 3.5～5 μm。

(3)塔胞藻 *Pyramidomonas* sp.：多数梨形和侧卵形,少数半球形。细胞长 12～16 μm,宽 8～12 μm,前端具 1 圆锥形凹陷,由凹陷中央向前伸出 4 条鞭毛,色素体杯状,少数网状,具 1 个蛋白核。眼点位于细胞的一侧或无眼点,细胞单核,位于细胞的中央偏前端。不具细胞壁。

(4)盐藻 *Dunaliella* sp.：单细胞,无细胞壁,体形变化大,有梨形、椭圆形、长颈形,甚至基部是尖的。大小也有差别,一般大的长 22 μm,宽 14 μm。小的长为 9 μm,宽 3 μm。鞭毛 2 条,位于藻体前端。体内有一杯状的叶绿体。在叶绿体内靠近基部有一个较大蛋白核。眼点大,位于藻体的上部。细胞核位于中央原生质中。

(三)单胞藻饵料的培养

1.常用微藻的生态条件

常用微藻生态条件见表 2-2-2。

表 2-2-2 常用微藻的生态条件

种类	盐度		温度(℃)		光照(lx)		pH	
	范围	最适	范围	最适	范围	最适	范围	最适
等鞭藻 3011	10～30		10～35	20～25	1 000～10 000	6 000～9 000		8
等鞭藻 8701	10～35	15～30	0～27	13～18	3000～30 000		6～10	7～8
湛江等鞭藻		23～36	9～35	25～32	1 000～31 000	5 000～10 000	6～9	7.5～8.5
绿色巴夫藻	5～80	10～40	10～35	15～30	4 000～10 000			
三角褐指藻	9～92	25～32	5～25	10～20	1 000～8 000	3 000～5 000	7～10	7.5～8.5
小新月菱形藻	18～6	1.5	25～32	5～28	15～20	3 000～8 000	7～10	7.5～8.5
牟氏角毛藻	10～25	5～30	25～30		5 000～25 000	10 000～15 000	6.4～9.5	8.0～8.9
青岛大扁藻	30～35	12～32	25		1 000～10 000	2 500～5 000	8～10	8.9
亚心形扁藻	8～80	30～40	7～30	20～28	1 000～20 000	5 000～10 000	6～9	7.5～8.5
塔胞藻		31～32		25	6 000～7 000			8.2
盐藻	30～80	60～70	20～30	25～30	2 000～6 000			7～8

2.微藻的培养液

微藻的种类不同,培养液的配制方法也不同,即使同一种类,个人的惯用方法也不同。现将硅藻、金藻、绿藻和黄藻常用的培养液配方介绍如表2-2-3、表2-2-4、表2-2-5、表2-2-6。

表 2-2-3 金藻类培养液

培养液名称	培养液配方		用途
E-S 培养液	硝酸钠（NaNO₃）	120 mg	培养等鞭藻 3011 用
	磷酸二氢钾（KH₂PO₄）	1 mg	
	土壤抽取液	50 mL	
	海水	1 000 mL	
湛水 107-1 号培养液	硝酸钠（NaNO₃）	50 mg	培养湛江等鞭藻 用
	磷酸二氢钾（KH₂PO₄）	5 mg	
	硫酸铁［Fe₂（SO₄）₃]（1%溶液）	5 滴	
	柠檬酸钠（Na₃C₆H₅O₇）	10 mg	
	人尿	1.5 mL	
	海水	1 000 mL	
等鞭藻 8701 培养液	硝酸钠（NaNO₃）	30 mg	培养等鞭藻 8071 用
	尿素（NH₂CONH₂）	15 mg	
	磷酸二氢钾（KH₂PO₄）	6 mg	
	柠檬酸铁（FeC₆H₅O₇）	0.5 mg	
	维生素 B₁	0.000 5 mg	
	维生素 B₁₂	1 000 mL	
	海水	0.1 mg	
f/2 改良培养液Ⅱ	硝酸钠（NaNO₃）	75 mg	适用于金藻类的 生产性培养
	磷酸二氢钠（NaH₂PO₄）	4.5 mg	
	海泥抽取液	20～40 mL	
	人尿	1.5 mL	
	海水	1 000 mL	
生产上用金藻培养液	硝酸钠（NaNO₃）	60 g	生产上培养金藻 用培养液，适合 于一切金藻类
	磷酸二氢钾（KH₂PO₄）	4 g	
	柠檬酸铁（FeC₆H₅O₇）	0.5 mg	
	维生素 B₁	100 mg	
	维生素 B₁₂	0.5 mg	
	消毒海水	1 m³	

表 2-2-4 硅藻类培养液

培养液名称	培养液配方		用途
三角褐指藻、新月菱形藻培养液 I	人尿 海泥抽取液 海水	5 mL 20~50 mL 1 000 mL	适用于培养三角褐指藻、新月菱形藻
三角褐指藻、新月菱形藻培养液 II	人尿 硝酸钠（$NaNO_3$） 磷酸二氢钾（KH_2PO_4） 硫酸铁[$Fe_2(SO_4)_3$]（1%溶液） 柠檬酸钠（$Na_3C_6H_5O_7$） 硅酸钠（Na_2SiO_3） 维生素 B_1 维生素 B_{12} 海水	1.5~2 mL 50 mg 5 mg 5 滴 10 mg 10 mg 0.1 mg 0.000 5 mg 1 000 mL	适于培养三角褐指藻、新月菱形藻
三角褐指藻、新月菱形藻培养液 III	硫酸铵[$(NH_4)_2SO_4$]或硝酸铵（NH_4NO_3） 过磷酸钙发酵尿液 柠檬酸铁（$FeC_6H_5O_7$） 海水	30 mg 3 mL 0.5 mg 1 000 mL	适于培养三角褐指藻、新月菱形藻
三角褐指藻、新月菱形藻培养液 IV	硝酸铵（NH_4NO_3） 磷酸二氢钾（KH_2PO_4） 柠檬酸铁铵[$Fe(NH_4)_3(C_6H_5O_7)_2$] 硅酸钾（K_2SiO_3） 海水	30~50 mg 3~5 mg 0.5~1.0 mg 20 mg 1 000 mL	适于培养三角褐指藻、新月菱形藻
黄海水产研究所角毛藻培养液	硝酸铵（NH_4NO_3） 磷酸二氢钾（KH_2PO_4） 柠檬酸铁（$FeC_6H_5O_7$） 海水 加入少量人尿,效果更好	5~20 mg 0.5~1.0 mg 0.5~2.0 mg 1 000 mL	适于培养角毛藻
厄尔德-施赖伯培养液	硝酸钠（$NaNO_3$） 磷酸二氢钠（Na_2HPO_4） 海水	100 mg 20 mg 1 000 mL	是最简单的配方,适于硅藻的培养

(续表)

培养液名称	培养液配方		用途
生产上用硅藻培养液	硝酸钠($NaNO_3$)	60 g	适合生产上培养三角褐指藻、新月菱形藻和角毛藻
	磷酸二氢钾(KH_2PO_4)	4 g	
	硅酸钠(Na_2SiO_3)	4.5 g	
	柠檬酸铁($FeC_6H_5O_7$)	0.5 g	
	消毒海水	1 m^3	

表 2-2-5　绿藻类培养液

培养液名称	培养液配方		用途
绿藻培养液 I	硝酸铵(NH_4NO_3)	50～100 mg	培养扁藻、小球藻或杜氏藻时，添加 10～20 mL 海泥抽取液效果更好
	磷酸二氢钾(KH_2PO_4)	5 mg	
	柠檬酸铁($FeC_6H_5O_7$)或柠檬酸铁铵[$Fe(NH_4)_3(C_6H_5O_7)_2$]	0.1～0.5 mg	
	海水	1 000 mL	
绿藻培养液 II	人尿	3～5 mL	适用于扁藻和其他绿藻的生产性培养，效果良好
	海泥抽取液	20～30 mL	
	海水	1 000 mL	
盐藻培养液	甲液		此培养液适宜于培养盐藻。使用时将甲、乙两液混合，如果再加 2%～3% 的人尿效果更好
	氯化钠($NaCl$)	5～10 g	
	柠檬酸铁($FeC_6H_5O_7$)	0.001 g	
	海泥抽取液	20～30 mL	
	海水	500 mL	
	乙液：		
	硝酸钠：($NaNO_3$)	0.5 g	
	磷酸二氢钾(KH_2PO_4)	0.05 g	
	海水	500 mL	
生产上用绿藻培养液	硝酸钠($NaNO_3$)	60 g	适用于扁藻的生产性培养
	尿素(NH_2CONH_2)	18 g	
	磷酸二氢钾(KH_2PO_4)	4 g	
	柠檬酸铁($FeC_6H_5O_7$)	0.5 g	

表 2-2-6　黄藻类培养液

培养液名称	培养液配方		用途
培养液Ⅰ	硫酸铵[$(NH_4)_2SO_4$] 磷酸二氢钾(KH_2PO_4) 柠檬酸铁($FeC_6H_5O_7$) 海水	10～20 mg 1～2 mg 0.1～0.2 mg 1 000 mL	适合异胶藻的保种培养和小型培养
培养液Ⅱ	人尿 海水	3～5 ml 1 000 mL	适合异胶藻生产性培养

3. 容器和工具的消毒

(1)加热消毒:利用直接烧灼、煮沸和烘箱干燥等高温,杀死微生物和其他敌害。此法只适用于较小容器的消毒。

(2)漂白粉消毒:工业用的漂白粉一般含有效氯 25%～35%。消毒时配成有效氯含量为$(1～3)×10^{-6}$的水溶液,把容器、工具在此溶液中浸泡 0.5 小时,便可达到消毒目的。也可使用漂白精消毒,漂白精一般含有效氯约 70%。

(3)酒精消毒:用纱布蘸 70%酒精涂抹容器和工具表面便可达消毒目的。

(4)高锰酸钾消毒:配成含量为$5×10^{-6}$的溶液,把要消毒的容器、工具浸泡 5 分钟,便可达消毒目的。

(5)石灰酸消毒:将容器、工具置于 3%～5%石炭酸溶液浸泡 0.5 小时,便可消毒。

4. 海水消毒

(1)加热消毒:加热到 70℃,持续 20 分钟～1 小时;加热到 80℃,持续 15～30 分钟;加热到 90℃,持续 5～10 分钟,均可达消毒目的。

(2)过滤除害:利用砂滤、陶瓷过滤器过滤海水。后者比前者略好,多用于饵料二级培养和中继培养。砂滤较粗糙,可用于扩大培养。

(3)酸处理消毒:按每升海水加 1 mol/L 的盐酸溶液 3 mL 的比例,使海水 pH 值下降到 3 左右,处理 12 小时便可消毒,然后加入同样量的氢氧化钠,使海水 pH 恢复到原来水平便可。

(4)漂白粉消毒:使用$(15～20)×10^{-6}$有效氯的漂白粉或漂白精处理海水,一般下午处理,次日上午取其溶液便可接种培养。也可用 $1 000×10^{-6}$有效氯的漂白粉处理海水,再用 $100×10^{-6}$硫代硫酸钠处理,使有效氯消失,经沉淀,取其上层清液,再施肥、接种。

5. 接种

(1)接种的选择和要求:选择生命力强,生长旺盛的藻种;颜色正常的绿藻呈鲜绿色,硅藻呈黄褐色,金藻呈金褐色;有浮游能力种类上浮活泼,无浮游能力的种类均匀悬浮水中;无大量沉淀,无明显附壁,无敌害生物污染;藻种浓度较高。

(2)接种比例:藻种浓度不同,接种比例是不同的(表 2-2-7)

表 2-2-7 藻种接种比例

藻种名称	浓度(×10⁴/mL)	藻种与培养液比例	备注
亚心形扁藻	30～40	1：3～5 1：1～2	温度高季节
三角褐指藻	300	1：4～9 1：2～3	室内 室外
湛江叉鞭金藻	250	1：3～6	
异胶藻	200	1：5 1：2	室内 室外

一般单胞藻类可按 1：2～1：5 的比例接种。接种最好为上午 8:00～10:00。

6.培养方法

单胞藻类的培养方法多种多样。按照采收方式分为一次培养、连续培养和半连续培养;按照培养规模和目的分为小型培养、中继培养和大量培养;按照与外界接触程度分开放式培养和封闭式培养。单细胞藻类能有效地利用光能、CO_2 和无机盐类合成蛋白质、脂肪、油、碳水化合物以及多种高附加值活性物质,故目前很多利用封闭式光生物反应器(Photobioreactor)来进行微藻的大量和高密度培养。

7.培养管理

(1)充气与搅动:通过鼓风机、空气压缩机向饵料容器中充气。无充气条件的,需每日搅拌 3～5 次,每次 1～5 分钟。

(2)调节光照:光照要适宜,尽力避免强的太阳直射光。为防直射光的照射,饵料室可用毛玻璃、竹帘、布帘等遮光调节。在阴天或无阳光条件下,需利用日光灯或碘钨灯等光源代替。

(3)调节温度:要保持单胞藻生长所需的最适温度范围。温度太高,要注意通风降温。严冬季节,要水暖、气暖,提高温度。

(4)调节 pH 值:二氧化碳的吸收和某些营养盐的利用,可引起 pH 上升或下降,在培养过程中,如果 pH 值过高,可用 1 mol/L 的 HCl 调节,pH 值过低,用 1 mol/L 的 NaOH 调节。

(5)观察生长:可以通过观察藻液的颜色、细胞运动情况、有否沉淀和附壁现象、有无菌膜及敌害生物污染来判断,每日上、下午各作一次全面检查。根据具体情况采取相应措施,加强管理。

8.单细胞藻类密度统计方法

单细胞藻类一般用 1 mL 水体含单胞藻个体数表示其密度,常用血球计数板统计。血球计数板中央有两块具有准确面积的大小方格。其中每块可分为 9 个大方格。每一大方格面积是 1 mm²。每一大格又分为 16 个中格。在中央的大格中的每一中格又分为 25 个小格,共 400 个小格(也有的中央是 25 个中格×16 个小格,总数也是 400 格)。当加玻片时,每一大格即形成一个体积为 0.1 mm³ 的空间。计数时,可取 4 个角上的大格,每大格取 4 个中格,共 16 个中格全部计数,再乘上 10 000,即得 1 mL 单胞藻个体数。

也有使用水滴法计数。1 mL 水体中含单胞藻数=计数每滴平均值×定量吸管每毫升的滴数×稀释倍数。在生产中还采用透明度、光电比色、重量法测定密度。

9.藻膏的研制

目前的贝类人工育苗中,常常因为投入过多的藻液,使育苗池的水污染,影响育苗水质,特别是投入被污染和老化的饵料更为严重。为了防止过多藻液入池,通过连续离心方法去掉多余污水,将藻液浓缩,把单胞藻制成藻膏再投喂。这样可以保证饵料质量,避免代谢产物和氨氮入育苗池。此外,单胞藻制成藻膏,加防腐剂、装罐,可保藏 0.5~1 年,随用随取,质量高,使用方便。藻膏的研制可以提高饵料池的利用率,能利用育苗空间、时间进行常年生产,从而保证为贝类人工育苗特别是亲贝蓄养提供源源不断的单胞藻饵料。

(四)饵料培养过程中注意事项

1.消毒

容器和工具要严格消毒,采用加热、化学药品如漂白粉、酒精、高锰酸钾等处理,杀死微生物和其他敌害。培养饵料用的海水也经过加热、过滤及酸或漂白粉等消毒处理。

2.接种

要选择生命力强,无污染、生长旺盛的新鲜藻种,一般可按 1∶2~1∶5 的比例接种。

3.充气与搅动

通过鼓风机、空气压缩机向饵料容器中充气。无充气条件的,需每日搅拌 3~5 次,每次 1~5 分钟。

4.调节光照

光照要适宜,尽量避免强的太阳直射光。为防直射光的照射,饵料室可用毛玻璃、竹帘、布帘等遮光调节。在阴天或无太阳光的情况下,需利用日光灯或碘钨灯等光照代替。

5.调节温度

要保持单胞藻生长所需的最适温度范围。温度太高,要注意通风降温。严冬季节,要水暖、气暖,以提高温度。

6.调节 pH 值

二氧化碳的吸收和某些营养盐的利用,可引起 pH 值上升或下降,在培养过程中,如果 pH 值过高,可用 1 mol/L 的 HCl 溶液调节;pH 值过低,用 1 mol/L 的 NaOH 溶液调节。

7.观察生长

可以通过观察藻液的颜色、细胞运动情况、有否沉淀和附壁现象、有无菌膜及敌害生物污染来判断。每日上、下午各做一次全面检查,根据具体情况采取相应措施,加强管理。

二、底栖硅藻的培养

鲍鱼、蛏、蚶、蛤以及海参等海产经济动物的幼虫自孵出后,只有一短暂的浮游阶段即下沉营底栖生活。在底栖生活阶段需要摄食底栖性饵料。

1.藻种及其来源

底栖性微藻以硅藻类最为理想。常用的几种底栖硅藻有以下几种:

(1)阔舟形藻 *Navicula latissima*,壳长 20～40 μm。

(2)舟形藻 *Navicula* sp.,壳长 15～25 μm。

(3)东方穿杆藻 *Achnanthes orientalis*,壳长 11～13 μm。

(4)月形藻 *Amphora* sp.,壳长 20～25 μm。

(5)卵形藻 *Cocconeis* sp.,壳长 6～8 μm。

目前各地选用的底栖硅藻种,大多直接取自本地海区,由于土生土长,对本地区的环境条件的适应能力强,容易培养。藻种可用海区挂板附片、刮砂淘洗、洗擦海藻表面或储水容器的底壁等方法采集。

用以上几种方法采集的藻种是多种混杂的,而且不同海区常见的底栖硅藻优势种类有所不同。采集海区混杂的藻种,由于没经过筛选,不一定都合乎要求。比较理想的方法是分离、筛选优良藻种进行单种培养。

2.培养容器和附片装置

(1)培养容器:培养底栖硅藻的常用容器有玻璃缸(用于藻种培养)、水族箱(用于中继培养)和水泥池(建于室内或室外,池底面积约 1 m²,高 30～40 cm,池内壁最好能铺上白瓷砖。大量培养用)。

(2)附片装置:玻璃钢波纹板、玻璃或有机玻片、聚乙烯薄膜等都可作为附片材料。附片架有塑料架、木架和竹架等。根据不同的情况,每个架子可插入10～20片附片。

3.培养方法

(1)接种附片:把培养容器和附片装置清洗消毒干净,将附片装置放入培养容器中,加满消毒海水。把采集到的底栖硅藻藻液用密筛绢过滤一二次后,倒入培养池中,搅拌均匀,静置一天,利用底栖硅藻在静水中沉降并附着的特性来附片。24 小时后,硅藻藻种已比较均匀地附着在附片的向上面(单面附着),用水轻轻冲洗附片,附片上的硅藻不脱落时,即可全部换水,加入新鲜海水并施肥,开始培养。培养 2～3 天,可把附片装置翻转,再一次接种附片,即得双面附片。双面附片后继续培养。

(2)换水:静水培养底栖硅藻,每两三天更换一次新鲜海水并施肥。在高温季节里,换水次数应增加,必要时每天换水 2 次。换水结束后立即施肥。在条件许可的情况下,利用循环水或流动水培养底栖硅藻,能获得比较理想的效果。

(3)施肥:在培养过程中,如果经常更换新鲜海水或用流动海水培养,不追加营养盐,底栖硅藻的生长繁殖仍能正常进行,但速度较缓慢。为了加速底栖硅藻的生长繁殖,施肥是必要的。现介绍福建鲍鱼试验站在培养底栖硅藻中使用的营养盐配方如下,供参考。

硝酸铵(NH_4NO_3)	10～25 mg
磷酸二氢钾(KH_2PO_4)	1～2.5 mg
柠檬酸铁($FeC_6H_5O_7 \cdot 3H_2O$)	0.1 mg
硅酸钠($Na_2SiO_3 \cdot 9H_2O$)	1 mg
维生素 B_{12}	0.25 μg
海水	1 000 mL

施肥一般在早上换水后进行。

(4)调节光照强度:培养室取向南北,安装天幕,及时地调节光照。中午时避免直射光照射,尽可能地利用较强的漫射光,阴雨天气利用人工光源补光。

室外池需安装空架式屋顶和天幕,以便调光。严格避免长时间的直射光照射。底栖硅藻需要的光照较弱,为2 000 lx左右。

(5)敌害防治:底栖硅藻常见的敌害生物是桡足类,可用$(0.5～1)\times10^{-6}$敌百虫杀死。

(6)观察和检查:藻种附片后,每天需进行巡池观察,定期镜检,掌握藻类生长繁殖的情况。

(7)收获:底栖硅藻经5～7 天的培养后即可收获。收获有两种方式,一种是将附片装置经消毒海水冲洗或池内荡洗后,直接移进育苗池充当饵料板。定期适量追肥,并提供适量光照,使硅藻在育苗池中继续繁殖,进行生态系育苗。另一种是在水中,用排笔或泡沫塑料刷子洗刷附片,收集硅藻,经过滤后投喂。

四、几种代用饵料

1.海藻磨碎液作为亲贝的饵料

在蓄养亲贝时,可采用鼠尾藻等藻类磨碎液做饵料,取得了较好效果。这种磨碎液含有多种底栖硅藻(如曲舟藻、圆筛藻等)以及大型藻类的细胞和碎屑,有利于亲贝营养物质的积累,促进亲贝的生长和性腺发育。当日采集的鼠尾藻最好当日加工投喂。先用粉碎机或绞肉机将藻类绞碎,放入水池中,加水搅拌,过滤后沉淀 0.5~1 小时再使用。投喂时,将潜水泵置于水中表层(20~30 cm 水深)抽取,并浮动于水中,随水位的下降而降低。

采用浮动式网箱蓄养亲贝时,因海藻磨碎液易下沉,投喂后要充气,最好坚持勤投、少投的原则,一般 2~3 小时投喂一次,水温上升到 18℃以后,为防止水质败坏和敌害生物入池,停止投喂海藻磨碎液,全部投喂人工培养的微藻。

2.其他代用饵料

在贝类人工育苗(亲贝蓄养和幼虫培育)时,在活饵料不足的情况下,可用淀粉、螺旋藻粉、食母生、酵母和蛋黄等代用饵料,用时要用 100 目的筛绢过滤,由于易污染水质,须加大换水来保持水质。

五、光合细菌的培养

光合细菌属于细螺菌目,分为红螺菌科、着色菌科、纪杆菌科和绿色丝状菌科等,共 23 属 80 余种。目前广泛应用在水产养殖上的主要种类是红螺菌科的紫色非硫细菌(Phodospirillaceae)。其共同的特征是具鞭毛、能运动、不产生气泡、细胞内不积累硫磺。

光合细菌(Photosynthetic Bacteria)不仅是水质良好净化剂,也是贝类幼虫的饵料。光合细菌营养价值高。粗蛋白含量达 65.45%,粗脂肪 7.18%,含有丰富的叶酸、活性多种维生素、泛醌、类胡萝卜素和氨基酸等,在牡蛎等贝类幼虫培育中光合细菌均可作为辅助饵料投喂。

(一)培养方式

大量培养光合细菌,通常采用全封闭式厌气光照培养和开放式微气光照培养两种方式。

1.全封闭式厌气光照培养

采用无色透明的玻璃容器或塑料薄膜袋,经消毒后,装入消毒好的培养液,接入20％～50％的菌种母液,使整个容器均被液体充满,加盖(或扎紧袋口),造成厌气的培养环境,置于有阳光的地方或用人工光源进行培养。定时搅动,在适宜的温度下,一般经过5～10天的培养,即可达到指数生长期高峰,此时,可采收或进一步扩大培养。

2.开放式微气光照培养

一般采用100～200 L容量的塑料桶或500 L容量的卤虫孵化桶为培养容器,以底部成锥形并有排放开关的卤虫孵化桶比较理想。在桶底部装1个充气石,培养时微充气,使桶内的光合细菌呈上下缓慢翻动。在桶的正上方距桶面30 cm左右装1个有罩的白炽灯泡,使液面照度达2 000 lx左右。培养前先把容器消毒,加入消毒好的培养液,接入20％～50％的菌种母液,照明,微充气培养。在适宜的温度下,一般经7～10天的培养,即可达到指数生长期高峰,此时,进行采收或进一步扩大培养。

(二)培养方法

光合细菌的培养,按次序分为容器、工具的消毒;培养基的制备;接种;培养管理四个步骤。

1.容器、工具的消毒

容器、工具洗刷干净后,耐高温的容器、工具可用直接灼烧、煮沸、烘箱干燥等三种方法消毒。大型容器、工具及培养池一般用化学药品消毒。常用的消毒药品有漂白粉(或漂白液)、酒精、高锰酸钾等。消毒时,漂白粉浓度为$(1～3)\times10^{-4}$,酒精浓度为70％,石炭酸浓度为3％～5％,盐酸浓度为10％。

2.培养基的制备

(1)灭菌和消毒:菌种培养用的培养基应连同培养容器用高压蒸汽灭菌锅灭菌。小型生产性培养可把配好的培养液用普通铝锅或大型三角烧瓶煮沸消毒;大型生产性培养则把经沉淀砂滤后的水用漂白粉(或漂白液)消毒后使用。

(2)培养基配制:根据所培养种类的营养需要选择合适的培养基配方。按培养基配方把所需物质称量,逐一溶解,混合,配成培养基。也可先配成母液,使用时按比例加入一定的量即可。

配方1:磷酸氢二钾(K_2HPO_4)0.5 g,磷酸二氢钾(KH_2PO_4)0.5 g;硫酸铵((NH_4)$_2SO_4$)1 g,乙酸钠2 g,硫酸镁($MgSO_4$)0.5 g,酵母浸出汁(或酵母膏)2 g。消毒海水1 000 mL。

配方2:利用贝类加工的肉汤,加入底泥悬浮液,经发酵、煮沸,冷却过滤后作为营养液进行培养。本配方简单,适合大规模生产性培养。

(3)接种:培养基配好后,应立即进行接种。光合细菌生产性培养的接种量比较高,一般为20％～50％,即菌种母液量和新配培养液量之比为1：4～1：1,

不应低于20％,尤其微气培养接种量应高些,否则,光合细菌在培养液中很难占绝对优势,影响培养的最终产量和质量。

(4)培养管理:

1)搅拌和充气:光合细菌培养过程中必须充气和搅拌,作用是帮助沉淀的光合细菌上浮获得光照,保持菌细胞的良好生长。

2)调节光照度:培养光合细菌需要连续进行照明。在日常管理工作中,应根据需要经常调整光照度。白天可利用太阳光培养,晚上则需要人工光源照明,或完全利用人工光源培养。人工光源一般使用碘钨灯或白炽灯泡。不同的培养方式所要求的光照强度有所不同。一般培养光照强度控制在$2\,000\sim5\,000$ lx。如果光合细菌生长繁殖快,细胞密度高,则光照强度应提高到$5\,000\sim10\,000$ lx。调节光照强度可通过调整培养容器与光源的距离或使用可控电源箱调节。

3)调节温度:光合细菌对温度的适应范围很广,一般温度在$23\sim39\,^{\circ}\mathrm{C}$,均能正常生长繁殖,可不必调整温度,在常温下培养。如果可加快繁殖,应将温度控制在光合细菌生长繁殖最适宜的范围内,使光合细菌更好地生长。

4)调节pH值:随着光合细菌的大量繁殖,菌液的pH值上升,当pH值上升超出最适范围,一般采用加酸的办法来降低菌液的pH值,醋酸、乳酸和盐酸都可使用,最常用的醋酸。

5)生长情况的观察和检查:可以通过观察菌液的颜色及其变化来了解光合细菌生长繁殖的大体情况。菌液的颜色是否正常,接种后颜色是否浅变深,均反映光合细菌是否正常生长繁殖以及繁殖速度的快慢。必要时可通过显微镜检查,了解情况。

6)问题的分析和处理:通过日常管理、检查,了解光合细菌的生长情况,找出影响光合细菌生长繁殖的原因,采取相应的措施。

第五节　贝类的人工育苗一般方法

一、育苗前的准备

在育苗之前要做好生产的准备,制定出生产计划,清刷池子,备好饵料和附苗器材,落实好中间培育的池子或海区。

二、亲贝的选择、处理和蓄养

1.亲贝的选择

亲贝性腺是否成熟是人工育苗能否成功的首要条件。只有获得充分成熟的卵子和精子，才能保证人工育苗的顺利进行。未成熟的卵一般不能受精或受精率极低，有些虽然受精了，但胚胎不能进行正常发育，形成畸形，中途夭折，或发育至幼虫阶段，其体质极差，生长速度缓慢，不能抵御外界环境条件的变化而使育苗失败。因此对亲贝的选择工作一定要认真作好。

（1）要选择生物学最小型（性成熟的最小规格）以上的亲贝。各种贝类生物学最小型规格不一，必须区别对待。选择亲贝时，一般不要个体太大或太小，若太小，产卵量少；若太大，因个体老成，对于诱导刺激反应缓慢，卵子质量较劣。在贝类繁殖期中，可从自然海区选择亲贝。

（2）要选择体壮，贝壳无创伤，大小均匀，无寄生虫和病害，在海区中无大量死亡的亲贝。

（3）要选择性腺发育较好的亲贝，对亲贝性腺发育状况，精卵成熟度需进行仔细观察。在常温育苗中，采捕亲贝的时间十分重要，过早性腺不成熟，入池后受刺激，易将未成熟卵产出，过晚则错过第一批优质卵。

（4）亲贝性别区分，雌、雄亲贝的选择比较困难。鲍和双壳类的雌、雄亲贝可以从性腺颜色不同加以区分，雌、雄性腺颜色无差别的（如牡蛎）可以利用滴水法检验，即利用一片载有一滴水的载玻片，吸一点性腺滴在水中，若马上呈小颗粒状散开是雌性，若不散开并带黏性呈烟雾状者为雄性。

2. 亲贝的处理

自然生长的亲贝壳表面常常附有石灰虫、藤壶、金蛤、柄海鞘、珊瑚藻或其他杂藻、浮泥等。在人工刺激排放精卵前，要把这些附着物去掉，再用刷子把壳表面杂质、浮泥洗刷干净。有足丝种类要剪去足丝，然后用过滤海水洗净，以备诱导刺激。

3. 亲贝的蓄养

蓄养亲贝可分为室外与室内两种，在室外主要是根据各种贝类性成熟需要一定的温度，这样可通过人工控制、调节水温的方法培育亲贝。在自然海区中，可以利用海水温度的分层现象，调整养殖水层，促进性腺成熟。此外，也可以利用降温的方法延迟贝类的产卵时间，在海中则可以降低水层，以延缓产卵时间。总之，利用控制水温的办法，几乎在全年任何时间内均可以得到所需的成熟精子和卵。

亲贝室内蓄养：洗刷后的亲贝，依种类不同，按每立方米水体50～80个，多者100～200个的密度，置于网笼内或浮动网箱中蓄养，蓄养时要认真检查和管理，防止亲贝产出后的卵子流失。亦可采用换水方法每天换水2次，每次换去2/3水或每日更换新池蓄养。蓄养中要及时投单胞藻饵料、淀粉、鲜酵母、螺旋藻粉、单胞藻干制品(如扁藻粉等)、食母生和藻类榨取液或人工配合饵料。清除池底污物。扁藻饵料一般为 $1\times10^4\sim2\times10^4$/mL,小硅藻为 $3\times10^4\sim4\times10^4$/mL,金藻 $5\times10^4\sim6\times10^4$/mL,淀粉或食母生浓度为 $(2\sim3)\times10^{-6}$,鼠尾藻等藻类榨取液利用 200 目筛绢过滤后投喂。

4.亲贝的促熟培育

在适温范围内(15~28℃),培养的水温越高,促进性腺成熟所需的时间越短。在 3 月份开始培育的扇贝,19~20 天排放精卵。在 4 月中旬培育的亲贝,16~17 天便排放精卵。春季繁殖期前取亲贝,距离繁殖期越近,则促进性腺成熟所需的时间越短,这主要是因为亲贝性腺发育程度不同所致。

亲贝培育时,应以海上取贝时的水温为基准,以每天提高 1℃ 左右为宜,逐渐提高到给定水温。这个水温通常定在 23℃。为了营养物质的积累,水温提高到 15~16℃ 时,稳定 2~3 天。提高到 20℃ 时,稳定数日,观察性腺发育程度,决定采卵的具体时间。

培育亲贝要求水温相对稳定,部分换水时,根据培育池中水温降低的程度及换水量,把在预热池中一定温度的海水,补充到培育池中。

三、诱导亲贝产卵排精

卵生型的牡蛎和中国蛤蜊等人工授精极易成功,而菲律宾蛤仔和文蛤等则不能完全如人意。人工授精容易的种类如卵生型牡蛎可以采取直接的人工授精方法。这种方法甚至无需人工刺激法获得精卵,可以用解剖法获取精卵,或者从生殖孔压挤出精卵进行湿法受精(加水)或干法受精(不加水)。直接人工授精方法简便,但是因为牡蛎的卵是分批成熟,解剖获取的卵有些是不够成熟的。虽然这些不够成熟的卵,也能受精,但是发育不好,能培养到固着的个体都是比较成熟的卵。此外解剖法还要杀伤大量亲贝,因此最好也采取人工诱导方法进行排放与授精。

人工授精较困难的种类,必须采用间接的人工授精。利用人工刺激的方法,诱导亲贝产卵排精,然后进行人工授精。

诱导的目的是为了使亲贝集中而大量地排放精卵。内因是变化的根据,外因是变化的条件,亲贝能否正常地大量排放精卵的关键在于贝类性腺本身成熟情况。性腺成熟好的和比较好的,经人工诱导刺激后,一般都能大量排放。但性腺成熟差的,即使人工诱导也不排放,强行排放的精卵质量差,受精率低。

人工诱导亲贝产卵常用的方法有以下几种:

1.自然排放法

通过人工精心蓄养、培育,保持良好水质,以优质饵料促使亲贝性腺发育,充分成熟。利用倒池或换新水的方法,使亲贝排放精卵。这种方法获得的精、卵质量高,受精率、孵化率高,幼虫质量高。这是目前生产中大众化采卵方法,也是理想的方法。

2. 物理方法

(1)变温刺激:①升温刺激。一般将成熟亲贝移至比其生活时水温高3℃~5℃的环境中,即可引起产卵排精。许多贝类人工育苗多用此法。此法效果良好,使用简便,是比较常用的方法。②升降温刺激。有些种类单独用升温刺激难以引起产卵,必须经过低温与高温多次反复刺激才能引起产卵。例如将生活于21℃左右的魁蚶,放在16.5℃低温海水中保持20小时,再升温刺激,温度提高到21~27℃间,可达到产卵排精目的。文蛤、鲍鱼有时也需要多次反复变温刺激才能产卵排精。

(2)流水刺激:充分成熟的个体,经流水刺激1~2小时停止冲水后,潜伏期只有10~20分钟(少者只有0.5~1分钟)便可排放精卵,若流水刺激不灵,可先行阴干刺激0.5小时后,再行流水刺激,一般能收到一定效果。

(3)阴干刺激:将亲贝放在阴凉处阴干0.5小时以上再放入正常海水中,便可引起贻贝、扇贝等贝类产卵排精。

(4)改变比重:利用降低海水比重方法,可以诱导牡蛎、滩涂贝类等多种贝类排放精卵。

(5)电刺激:用20~30 V的交流电刺激贻贝5~15分钟以上也可诱导产卵排精。

(6)紫外线照射海水诱导产卵:用紫外线照射海水诱导鲍产卵的良好效果是1974年才发现的,所用紫外线的波长为2 537 Å,这个波长可能使海水中的有机物出现变化和海水活性化,致使经过照射的海水能够诱导产卵、排精。利用300 mW·h/L的紫外线照射剂量,照射100 L海水,可诱导近100个虾夷扇贝产卵,催化率高达100%。栉孔扇贝照射剂量为200 mW·h/L,10~30分钟后便可开始排放精卵。其照射剂量按下列公式计算:

$$A = \frac{1\ 000 \times W \times T}{V}$$

A=照射剂量(mW·h/L);W=紫外线灯的功率(W);T=照射时间(h);V=水量(L)

(7)超声波诱导:亦有利用超声波促使贻贝和鲍产卵。据实验,亲贝放入水中后,通过超声波使水呈微细气泡,10分钟后,取出超声波发生器,贻贝很快产卵。

3.化学方法

(1)注射化学药物:注射 NH_4OH 海水溶液可以引起一些贝类产卵,例如用 $0.2\sim0.5$ mL 的 $2\text{‰}NH_4OH$ 海水溶液注射到泥蚶卵巢或足的基部内,可引起产卵。NH_4OH 应用范围很广,对牡蛎、四角蛤蜊、日本镜蛤均能见效,也有采取 0.5 mol/L KCl、K_2SO_4 或 KOH 溶液 $2\sim4$ mL 注射到贻贝、菲律宾蛤仔、文蛤、中国蛤蜊等软体或肌肉内,使组织和肌肉发生收缩,促使雌雄亲贝产卵排精。此外 $1\text{‰}\sim5\text{‰}$ 氯仿,8‰ 乙醚亦可达排放目的。

(2)改变海水酸碱性:利用 NH_4OH 将海水 pH 提高,诱导亲贝排放精卵。NH_4OH 是一种弱碱性碱类,在水中分解后能放出 NH_4^+,使 pH 升高,它可以穿过亲贝的细胞膜使细胞呈碱性,起促进生殖细胞提前成熟的作用。有人用 1 mol/L NH_4OH 溶液加入海水中,分别使 pH 值上升到 $8.72\sim9.90$ 范围内,对蛤蜊和中国蛤蜊进行浸泡处理后约 $10\sim30$ 分钟则产卵排精。文蛤等经过氨海水浸泡后,pH 适当提高,也可引起产卵排精。

(3)氨水可以活化精子:如果排放出来精子不活泼,或者解剖法获得的精子不活泼,可用氨水活化。

4.生物方法

(1)异性产物:同种异性产物往往会引起亲贝产卵或排精。例如用稀释的精液或生殖腺提取液加到同种雌性外套腔中,便可刺激雌贝产卵。

(2)激素:某些动物神经节悬浮液做诱导可引起贝类产卵排精,而且还发现甲状腺、胸腺等输出物或蔗糖以及石莼、礁膜等藻类提取液均对亲贝有不同程度的诱导作用。

上述四种诱导方法,比较好的方法首推自然排放,其次是物理法,它具有方法简单、操作方便、对以后胚胎发育影响较小,而化学方法与生物方法操作复杂,容易败坏水质,对胚胎发育影响较大。在实践中,常采取多种综合办法进行诱导,可以提高诱导效果。

以上各种诱导方法,一般雄性个体对刺激反应敏感,常常引起雄性先排放。

四、受精

受精前需统计采卵量。均匀搅拌池中水,使卵子分布均匀,然后用玻璃管或塑料管任意取 $4\sim5$ 个不同部位的水入 $500\sim1\,000$ mL 的烧杯中,再用 1 mL 移液管搅匀杯中水,随意取 1 mL 滴于白色有机玻璃板上,在解剖镜下逐个计数。如此取样,检查 $3\sim5$ 次,求 1 mL 卵的平均数,再根据总水体容量求出总卵数。

精卵的结合形成一个新的个体为受精,由人工方法促使精卵结合为人工授精。

当产卵或排精的个体移入新鲜过滤(或消毒)海水中,排放达到所需数量时,将亲贝移出。雌雄同体或雌雄混合诱导排放,在产卵后不断充气或搅动,使卵受精,并除去多余精液。雌雄分别诱导排放,然后向产卵池中加入精子,充气,搅动。

为保证较高受精率,精卵放置时间不要过长。精卵的受精率与放置时间长短呈负相关。

在含有卵子的池中或容器中加入精液轻轻搅拌混合后,即可受精。精子究竟加多少比较合适,一般理论上认为,把一滴精液滴到 10 mL 水中,然后吸一滴滴到 100 mL 含几十个卵的水中,进行人工授精,比较合适。一个卵有一个精子进去就行,在实践中往往加入精液偏多,给以后洗卵和胚胎发育造成了不利影响。一般看到一个卵周围有 2～3 个或 3～4 个精子便可。只要看到卵子出现极体,就表示卵受精了。通过视野法求出受精率,然后根据总卵数和受精率求出受精卵数。

$$受精卵 = \frac{受精卵}{总卵数} \times 100\%$$

卵子的受精能力主要取决于卵子本身的成熟度,此外,还与产出时间长短有关系。一般受精力常随产出卵的时间延长而降低,而时间的长短又与温度密切相关,温度越高,精卵的生命力越短,一般说在产卵后的 2 小时内受精率都很高。

五、受精卵的处理

1.筛洗受精卵

卵加精液充气或搅动混合受精后,静置 30～40 分钟,卵都已沉底便可将中上层海水轻轻放出或倾出,留下底部卵子再用较粗网目的筛绢使卵通过而除去粪便等杂质,然后加入过滤海水,卵经沉淀后再倒掉上层海水。这样清洗 2～3 次即可。洗卵的目的在于除去海水中多余的精液,因为精液过多会引发受精卵畸形。洗好后加入过滤海水使其发育,并进行充气和搅动。

2.不洗卵

如果卵周围的精子不多(显微镜下观察卵周围精子,一般 2～3 个)可不必洗卵。有的雌雄个体难分或雌雄同体的种类,卵子又小,很难洗卵,受精时要控制精子密度。受精后,加抗菌素 $(1～2) \times 10^{-6}$,抑制细菌繁殖,不断充气或搅动,用抄网捞取杂质、污物,待胚胎发育到 D 形幼虫后,立即进行浮选(拖网)或滤选移入他池进行幼虫培育。

3. 受精卵发育

根据种类不同,密度不一。受精卵密度低者为 50～60 个/毫升,多者 300～500 个/毫升,一般 100 个/毫升。

4. 孵化

受精卵经过一段时间发育便可破卵膜浮起在水中转动,称之孵化。通过视野法求出孵化率。

$$孵化率 = \frac{孵化胚胎}{受精卵} \times 100\%$$

胚胎经过 1～2 天便可发育到 D 形幼虫,用浮选法将 D 形幼虫移入育苗池培育。除去池底部死亡的胚胎。在胚胎发育过程中,不换水,采用加水和充气方法改良水质。如果畸形胚胎太多,超过 30%,应弃之另采。

六、幼虫培育

幼虫培育就是指从面盘幼虫初期开始到双壳类稚贝附着或稚鲍第一呼吸孔出现时为止的阶段。

幼虫培育管理有:换水、投饵、除害、选优、倒池与清底、充气与搅动、抑菌、控制适宜环境条件、理化因子观测、测量幼虫密度和生长等。

1. 选幼

用 300 目或 250 目筛绢制成的长方形网,套在长 70～80 cm、宽 40～50 cm 的塑料(或竹、木制)架上,在水层表拖网,然后将拖到的幼虫置于另外已准备好洁净水的育苗池中,进行幼虫培育工作。为防止大型污物入池,可用 8 号筛绢网过滤后入池。也可以根据池子宽窄,截成比池宽稍长的筛绢,筛绢宽 1.2 m 左右,就利用此筛绢在池子表层两边拖网,从一端拖到另一端,将幼虫过滤于筛绢网兜里,再置于另外已备好的池子培育。

2. 密度

D 形幼虫密度一般为 10～20 个/毫升。利用高密度反应器培育贝类幼虫,采用流水培育,其密度可高达 150～200 个/毫升。

3. 换水

可采用大换水或流水培育法进行水的更新,流水培育或大换水均需用换水器(过滤鼓、过滤棒或网箱)过滤。使用时,要检查网目大小是否合适,筛绢有无磨损之处。换水过程中,要经常晃动换水器,防止幼虫过度密集。换水温差不要超过 2℃,流水培育或大换水以每日能换出全部陈水为宜。

一般流水培育比大换水好,但是流水培育饵料损失较多,是其不足之处。

4. 投饵

D形幼虫时开始投饵。饵料种类要求:个体小(长 20 μm 以下,直径 10 μm 以下);饵料要浮游于水中,易被摄食,容易消化,营养价值高;代谢产物对幼虫无害;繁殖快,容易培养。

使用的饵料要新鲜,禁止使用污染和老化的饵料。

投饵密度:扁藻 3 000~8 000 个/毫升,小硅藻 10 000~20 000 个/毫升,金藻30 000~50 000 个/毫升。为防止过多藻液入池增加池中氨态氮的浓度,可以利用离心浓缩方法,研制成藻膏投喂。

混合饵料优于单一饵料,个体小的饵料优于个体大的。在饵料不足条件下,可以补助投喂食母生。投喂食母生时要经过磨碎,加水搅拌,用脱脂棉过滤去较大颗粒,或用沉淀法,使较大颗粒沉淀,选用上层溶液投喂。

5.除害

(1)敌害种类:常见敌害有海牛残沟虫、游朴虫和猛水蚤等(图 2-2-8)。

(2)危害方式:争夺饵料;繁殖快,种间竞争占优势;能够败坏水质。

(3)防除方法:要坚持"以防为主"的方针,过滤水要干净,容器要消毒,避免投喂污染的饵料入池。

一旦发现敌害可以采用大换水的方法机械过滤后移入他池培育。

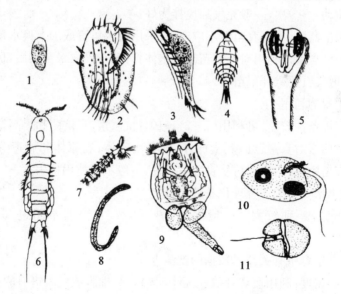

1. 变形虫 *Amoeba*;2. 游捕虫 *Enplotes*;3. 虫 *Stylonehia*;4. 海蟑螂 *Ligia*;
5. 栉水母 *Pleurobraehia*;6. 猛水蚤 *Harpacticidae*;7. 子孓;8. 线虫;9. 轮虫 *Brachionus*;
10. 海生残沟虫 *Oxyrrhismarina*;11. 裸甲藻 *Gynodininm*

图 2-2-8 贝类育苗中常见的敌害生物

6.选优

(1)浮选法:贝类幼虫有上浮习性,并有趋光性,因此可以将上层幼虫选入另外池子进行培育,整个育苗过程中可以浮选 2～3 次。

(2)滤选法:为了选优或适时投放采苗器,应用较大的筛绢将好的或个体较大的幼虫筛选出来进行培育。

7.倒池与清底

由于残饵及死饵,代谢产物的积累,死亡的幼虫,敌害和细菌大量繁殖,氨态氮大量贮存,严重影响水的新鲜和幼虫发育,因此在育苗过程中要倒池或清底。倒池方法采用拖网或过滤方法。清底采用清底器吸取,清底前,需旋转搅动池水,使污物集中到池底中央,然后虹吸出去。

大型育苗池可以不倒池,但必须每隔 2～3 天加 $(1～2) \times 10^{-6}$ 抗菌素。或者利用拖网方法,每隔一天倒池一次。

8.充气与搅动

在幼虫培育过程中均可充气,它可以增加水中氧气,使饵料和幼虫分布均匀,有利于代谢物质的氧化。充气可采用充气机充气或液态氧充气。无充气条件可每日搅动 4～5 次,一般充气加搅拌为好。

投放采苗器后,小型育苗池不应充气,采用流水培育或加大换水量和搅动方法增加水中氧含量。利用对虾育苗池大水体育苗,在投放采苗器后,仍可照样充气培养,但散气石要避开采苗器。

9.抗生素的利用

一旦环境条件较差,可利用 $(1～2) \times 10^{-6}$ 抗菌素,有抗菌和提高育苗成活率的作用。抗菌素对真菌、细菌、支原体、立克次氏体、衣原体和病毒等有抑制作用。但在育苗中,应尽力保持优良环境条件,一般不要使用抗生素。

10.幼虫培育中的适宜理化条件

种类不同,差别较大。一般水温 17～26℃,日温差不超过 2℃,盐度为28～35。

11.幼苗培育中有关技术数据的观测

(1)饵料密度:利用血球计数板统计,以 1 mL 细胞数代表饵料的密度。

(2)幼虫定量:均匀搅拌池水,用细长玻璃管或塑料管从池中 4～5 个不同部位吸取水溶液少许,置于 500 mL 烧杯中用移液管均匀搅拌杯中水并吸取 1 mL。用碘液杀死计数,以每毫升幼虫数代表幼虫密度。

(3)幼虫生长:利用目微尺测量壳长和壳高来判断其生长速度。

（4）幼虫活动：池水搅拌均匀后，用烧杯任意取一杯，静止 5～10 分钟，观察其在烧杯中的分布情况。如果均匀分布则是好的。若大部分沉底则是不健康的幼虫，应进行水质分析和生物检查

（5）理化测定：每日早 5:00 和下午 2:00 分别测最低和最高水温。池中有暖气管加热设备的，应每 2 小时测水温 1 次

每 3 日测盐度和光照各一次。盐度可用盐度计或精密比重计测定，光照一般利用照度计测定。

每日测溶解氧、酸碱度、氨氮和有机物耗氧。溶解氧用碘定量法测定，酸碱度用酸度计或精密 pH 比色计测定，有机物耗氧用碱性高锰酸钾法定量，氨氮可采用钠氏比色法测定。

有条件最好设置育苗池自动水质在线监测系统，利用电脑控制，对各池水质按时自动进行监测。水质在线监测系统是检测技术、电脑技术与通讯技术结合的一种简单可靠的数据监测、远程传输系统，目前可以进行测定的指标有：pH 值。溶解氧、盐度、温度、氨氮等。本系统有水质采样器、水质测定仪、变送器、计算机、检测系统软件等组成。

七、幼虫的附着行为及采苗

1. 幼虫的附着行为

贝类的浮游幼虫在发育早期是向光性的，到了变态期，便表现出了背光性。这是导致它们营底栖附着生活的最初影响，但是底质情况和附着基性质及有无附着基也是可否变态的重要因素。

在一定条件下，各种贝类幼虫变态时其大小一般比较固定，如贻贝壳长达到 210 μm 左右，褶牡蛎壳长达到 350～400 μm，扇贝一般 183 μm 即可附着。如果条件较差或恶化，可以延长变态和变态规格，甚至不变态不附着。

有的双壳贝类自由浮游的幼虫在结束浮游生活进入即将附着生活前，可以看到在鳃的原基的背部形成一对球形的由黑色素聚集起来的感觉器官，称为眼点。眼点是接近幼虫附着的特有器官，也是即将进行附着生活的一个显而易见的特征，可以作为投放附着器的标志。

2. 采苗

掌握采苗器投放时间是相当重要的。过早投放采苗器也会影响幼虫生长，影响水质。但如果到达附着期（或成熟期），应当投放采苗器而不投放，幼虫将集中在底部或池壁附近，高密度集结而造成局部缺氧、缺饵，引起幼虫死亡。因此，

投放采苗器要做到适时。

由于贝类生活型不同,幼虫附着所需的附着基也不相同。附着基的选择以附苗性能好,容易收苗,价格低廉,操作方便,又不影响水质为原则。

固着型的种类如牡蛎,可以使用扇贝壳、牡蛎壳作为采苗器。

附着型的种类中,贻贝和扇贝可以采用直径 0.3～0.5 cm 的红棕绳编成的帘子(每帘长 0.8 m,宽 0.4 m,用绳 50 m),也可采用作网笼的网衣、废旧网片、塑料单丝绳和无毒塑料软片等。珠母贝采苗也有利用瓦片的。

投放采苗器时应注意下列问题:

(1)用贝壳、塑料板、网片等作为采苗器,均应事先刷干净方可使用。其中瓦片采苗器,在投放前 20 多天,就要用海水浸泡,并换水几次,然后用过滤海水冲洗干净,经太阳暴晒三天,再用过滤海水冲洗一遍,方可使用。

(2)用红棕绳作为采苗器,必须经过锤打、烧棕毛、浸泡、煮沸,再浸泡、洗刷,用藻液或抗菌素(青霉素 $5×10^{-6}$ 泡一下等处理后才能使用。

(3)投放前要加大换水量,将池内幼虫浓缩,并搅动池水,冲洗池壁,使幼虫分布均匀,便可投放。

(4)投放时应先铺底层,再挂池周围,最后挂中间。或者一次全部挂好。采苗器要留有适当空间,使水流通。

(5)采苗器投好后,停 1～2 小时再慢慢加满池水。

(6)投放采苗器的数量要适当,网笼的网衣为 10～13 片/立方米。若用 0.3 mm 的细棕绳采苗帘投挂数量为 800～1 000 m/m³,帘子太多,水易污染,所以宁少加不多加。

(7)投放采苗器时,还要考虑到幼苗的背光习性,尽力保持池内光线均匀,以免幼苗附着过密,抑制其生长。

(8)采苗器投放后,还要继续观察其变化,日常管理工作要坚持下去,千万不能放松。

埋栖种类的泥蚶,其幼虫在接近附着期时,将幼虫移入具有泥沙的水池内,泥沙系用 20 号筛绢过滤,其厚度 1 cm 左右,或将泥沙直接筛洗在盛有幼虫的水池内。也可采用了无底质培育稚贝的技术,利用波纹板立体采文蛤苗,取得了显著成绩。

对于各种生活型的双壳类,特别是固着型和埋栖型贝类,可将室内培育的眼点幼虫滤选出来,移于预先准备好的土池中附着变态。为了提高变态率,池中应有良好附着基,水质较好,饵料丰富。这是一种工厂化人工育苗与土池半人工育苗相结合的路线,是一项有发展前途的育苗方法。

八、稚贝培育

幼虫附着变态后进入稚贝培育阶段,此时正是生命力弱,死亡率高的时期,为此必须进行认真的管理。为了防止因环境突变引起死亡,幼虫附着后,仍可以在原水池中饲养一个时期。特别是附着生活的扇贝、贻贝更是如此。如果早下海,它们会切断足丝逃逸的。

过大流速对幼虫附着虽起不良作用,但适宜流速不仅对幼虫附着有利,而且可以带来充足氧气和食物,从而有利于稚贝迅速生长,所以在附着后的稚贝池中应该加快换水循环,或增加换水次数和换水量。

稚贝期的投饵量也应相应增加,如扇贝附着后可将扁藻调节在 $1 \times 10^4 /mL$ 左右的密度,三角褐指藻等小型藻类调节至 $(2 \sim 3) \times 10^4 /mL$。

培养中要使水池内的水温、比重等逐渐接近海中的条件,此外,对稚贝还应积极锻炼其适应外界环境的能力,如对附着种类进行震动,增强附着能力的锻炼。对牡蛎、泥蚶等贝类还要进行干露、变温等刺激,经过一个锻炼培养阶段之后,就可以移到室外进行培育。牡蛎移到室外后,将其放在中潮区暂养。附着种类经过一段培育之后,壳长达 $0.6 \sim 0.8$ mm 再向海上过度。埋栖种类则要放在小土池中进行培育,度过越冬期后再移至潮间带培养。

鲍的幼虫继续培养到第一呼吸孔出现时,即形成稚鲍(成苗)。成苗后,再经一段时间培养后,就可移至海区养殖或进行工厂化养殖。

九、稚贝下海育成苗种

稚贝在室内经过一个阶段培育后,就要移到海上培养成可供养殖的苗种。这是人工育苗的第二阶段。

幼苗出池下海,首先要统计它的产量高低,以便销售和控制放养密度。计数方法可采用取样法,求出平均单位面积(或长度)或单个的采苗器的采苗量,也可采用称量法,取苗种少量称量计数,从而求出总重量的总个体数。

幼苗出池下海,首先应选择好海区,设置筏架。暂养海区应选择风浪小、水流平缓、水质清洁、无浮泥、无污染、水质肥沃的海区。下海时要选择风平浪静的天气,防止干燥和强光照射,早晨或傍晚进行较好。

固着型贝类和埋栖型贝类幼苗下海一般较附着型容易。它无需采取别的措施加以保护。然而附着型贝类由于小稚贝和幼贝很不稳定,容易切断足丝,移向他处。下海时,环境条件突然改变,如风浪、淤泥、水温、光照等变化就造成了附着型贝类下海掉苗,目前附着型贝类下海后保苗率均很低。贻贝和扇贝保苗较好的可达 50%～60%。因此,向海上过渡是目前人工育苗中较关键的一环。为了提高保苗率,可以培养较大规格的稚贝(600～800 μm)下海,利用网笼或双层网袋(内袋 20 目,外袋 40 或 60 目,表(2-2-8))下海保苗,或利用对虾养成池进行稚贝过度。中间培育中要及时分苗,疏散密度,助苗快长。

表 2-2-8　乙烯(乙纶)筛网规格表

目数	10	12	16	20	24	30	40	50	60
近似孔径(mm)	1.96	1.63	1.19	0.97	0.79	0.60	0.44	0.35	0.29
网目对角线(mm)	2.77	2.30	1.68	1.37	1.12	0.85	0.62	0.49	0.41

第六节　试验性研究内容

根据生产单位的条件和生产需求情况,并结合生产中存在的问题,具体而定,设计试验,使学生通过试验研究提高动手能力、分析问题解决问题的能力和科学试验能力。根据人数设计题目,3～4 人一个题目。

1. 不同代用饵料培养种贝效果的研究

用 1～2 个生产池或水槽,同生产一样培育,只是投喂不同的代用饵料效果的比较,观察分析代用饵料和生物饵料培育效果的比较。比较生长,壳长、壳高的分布,存活率,附着变态率等。

2. 浓缩或去液饵料的幼虫培育效果研究

用 1～2 个培育池,与生产池对照,相同的投饵量,浓缩或去藻液后投喂,观察培育效果。

比较生长,存活率,附着变态率,水质变化等。

3. 扇贝繁殖的有效积温与生殖腺指数变化规律的关系

以生物学零度为 4℃,统计虾夷扇贝繁殖的有效积温;以 7.8℃ 为生物学零度,统计海湾扇贝繁殖的有效积温。比较不同有效积温下生殖腺指数的变化以及与繁殖的关系。

生殖腺指数测定,每次随机取 20～30 个样,测量后解剖,称量软体部重和生殖腺重,计算生殖腺指数。要做图表。

4. 海水理化因子对幼虫或稚贝的影响

结合实习单位的条件,实验场地和用具(水槽),设计海水理化因子对扇贝浮游幼虫或稚贝的影响试验。主要以温度、盐度、氨氮、pH 等对幼虫或稚贝的生长、存活、变态的影响为中心进行。

5. 饵料培养中常见敌害生物的防除方法研究

针对饵料生物培养中出现的敌害生物,研究防除方法。

(1)纯化法清除敌害实验。

(2)不同药物杀除敌害生物效果的比较试验和适宜浓度药物的筛选实验等。

6. 饵料生物高密度培养实验

封闭培养,充 CO_2,添加微量元素,使用不同光源,对培养不同种饵料生物效果的研究,用比色和血细胞计数板定量比较。

7. 不同时期幼虫干露时间的比较试验:

取 D 型幼虫、壳顶中期幼虫、眼点幼虫、附着稚贝、幼贝、成贝不同干露时间下的成活率比较。

8. 眼点幼虫对不同附着基颜色附着变态效果的比较试验

取绿色、黑色、灰色、红色、黄色等不同颜色的聚乙烯网片,进行眼点幼虫附着变态率、附苗量等附着效果的比较。

第七节　胚胎和胚后发育及饵料生物的形态学观察

一、贝类发育过程的观察和胚胎发生图(扇贝、牡蛎、鲍鱼)

成熟精子、卵子,受精卵,第一极体,第二极体,第一次卵裂,4 细胞期,8 细胞期,多细胞期(桑葚期),囊胚期,原肠期,担轮幼虫,初期面盘幼虫(D 形幼虫),壳顶幼虫,壳顶后期幼虫,匍匐幼虫,次生壳和鳃丝出现的刚变态的稚贝,完成变态的稚贝,幼贝。

(1)栉孔扇贝的胚胎和幼虫发生:见图 2-2-9。

(2)虾夷扇贝的胚胎和幼虫发生:见图 2-2-10。

(3)海湾扇贝的胚胎和幼虫发生:见图 2-2-11 及图 2-2-12。

(4)皱纹盘鲍的胚胎和幼虫发生:见图 2-2-13、图 2-2-14。

(5)长牡蛎胚胎和幼虫发生:见图 2-2-15。

(6)泥蚶的胚胎和幼虫发生:见图 2-2-16。

(7)菲律宾蛤仔的胚胎和幼虫的发生:见图 2-2-17。

(8)缢蛏的胚胎和幼虫的发生:见图 2-2-18。

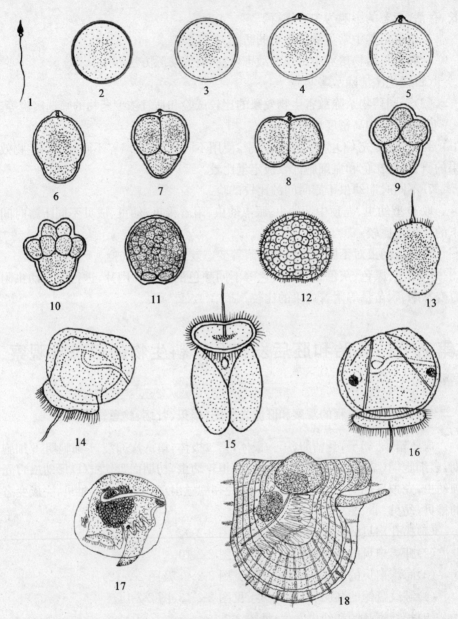

1. 精子；2. 卵子；3. 受精卵；4. 第一极体出现；5. 第二极体出现；6. 第一极叶伸出；
7. 第一次卵裂；8. 2细胞期；9. 4细胞期；10. 6细胞期；11. 囊胚期；12. 原肠胚期；
13. 担轮幼虫(侧面观)；14. 早期面盘幼虫(出现消化管)；15. 面盘幼虫；16. 后期面盘
幼虫(出现壳顶，又称壳顶期面盘幼虫)；17. 即将附着的幼虫；18. 稚贝

图 2-2-9　栉孔扇贝的胚胎和幼虫发生

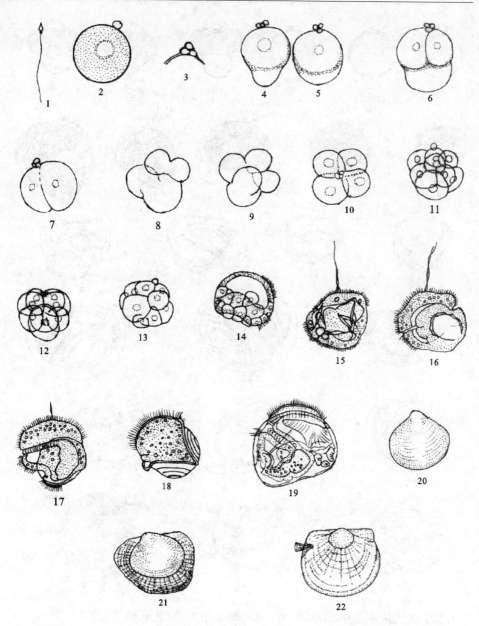

1.精子；2.放出第一极体；3.卵的动物极部分,第2次分裂后放出3个极体；4,5.出现第一极叶；6.第1次分裂；7.2细胞期；8,9.出现第二极叶；10.4细胞期；11,12.8细胞期；13.16细胞期；14.囊胚期,开始旋转运动；15.担轮幼虫；16～18.初期面盘幼虫；19.面盘幼虫；20.达到附着期壳顶幼虫的贝壳；21.稚贝,形成次生壳；22.幼贝(具有成体特征)

图 2-2-10　虾夷扇贝的胚胎和幼虫发生

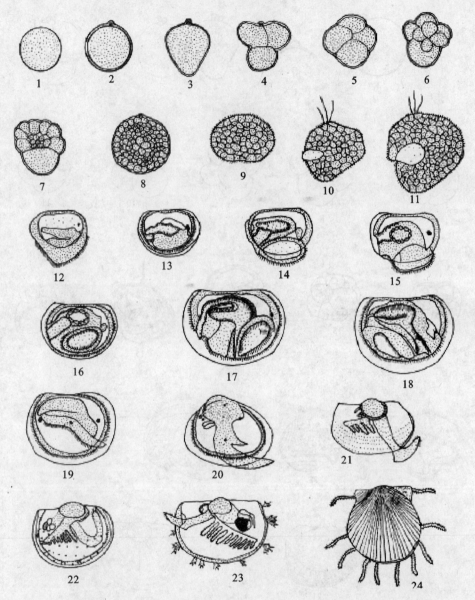

1.卵子；2.受精卵；3.伸出极叶；4.第1次分裂；5.第2次分裂；6.第3次分裂；7.第4次分裂；8.囊胚期；9.原肠期；10.早期担轮幼虫；11.担轮幼虫（开始分泌贝壳）；12.早期面盘幼虫（壳腺开始分泌贝壳）；13.早期面盘幼虫；14.1天的面盘幼虫；15.3天的面盘幼虫；16.3天的面盘幼虫（示面盘缩入壳内）；17.7天的面盘幼虫；18.10天的面盘幼虫；19.12天的面盘幼虫；20.即将附着的幼虫；21～23.附着变态后的稚贝；24.幼贝

图2-2-11　海湾扇贝的胚胎和幼虫发生

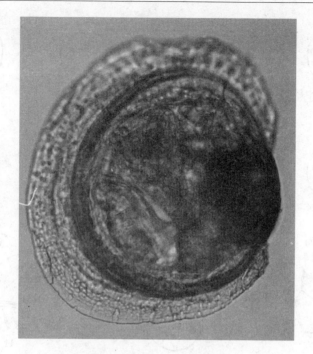

图 2-2-12　长次生壳的稚贝

♂排精　　　　　　　　　　♀产卵

图 2-2-13　鲍鱼雌、雄贝精、卵排放图

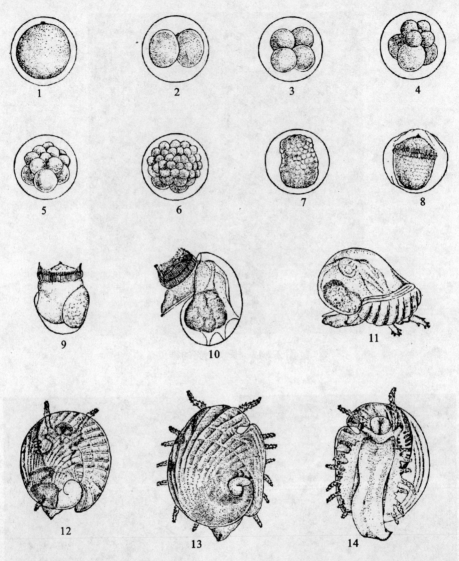

1. 受精卵；2.2 细胞期, 受精后 40～50 分钟；3.4 细胞期，80 分钟；4.8 细胞期，2 小时；5.16 细胞期，2 小时 15 分钟；6. 桑葚期，3 小时 15 分钟；7. 原肠期，6 小时；8. 初期担轮幼虫，7～8小时；9. 初期面盘幼虫，15 小时，壳长 0.24 mm，壳宽 0.20 mm；10. 后期面盘幼虫，26 小时，壳长 0.27 mm，壳宽 0.22 mm；11. 围口壳幼虫，6～8 天，壳长 0.30 mm，壳宽 0.22 mm；12. 上足分化幼虫，19 天，壳长 0.70 mm，壳宽 0.22 mm；13.45 天幼鲍（背面观），壳长 2.30～2.40 mm，壳宽1.85～2.10 mm；14.45 天幼鲍（腹面观），壳长 2.30～2.40 mm，壳宽 1.85～2.10 mm

图 2-2-14 皱纹盘鲍的胚胎和幼虫发生

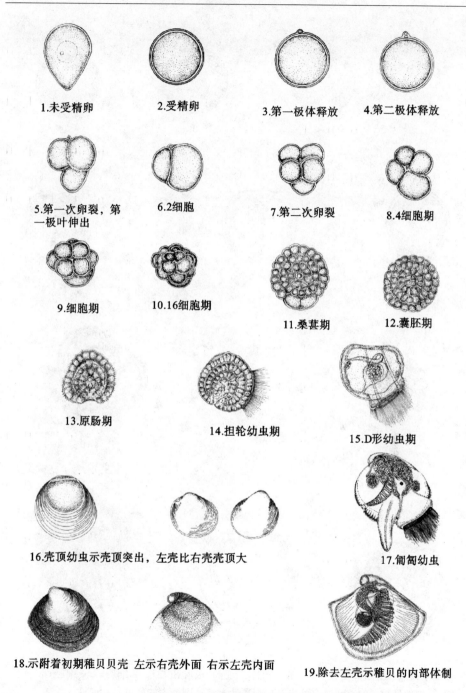

1.未受精卵　　2.受精卵　　3.第一极体释放　　4.第二极体释放

5.第一次卵裂，第一极叶伸出　　6.2细胞　　7.第二次卵裂　　8.4细胞期

9.细胞期　　10.16细胞期　　11.桑葚期　　12.囊胚期

13.原肠期　　14.担轮幼虫期　　15.D形幼虫期

16.壳顶幼虫示壳顶突出，左壳比右壳壳顶大　　17.匍匐幼虫

18.示附着初期稚贝贝壳　左示右壳外面　右示左壳内面　　19.除去左壳示稚贝的内部体制

图 2-2-15　长牡蛎胚胎和幼虫发生

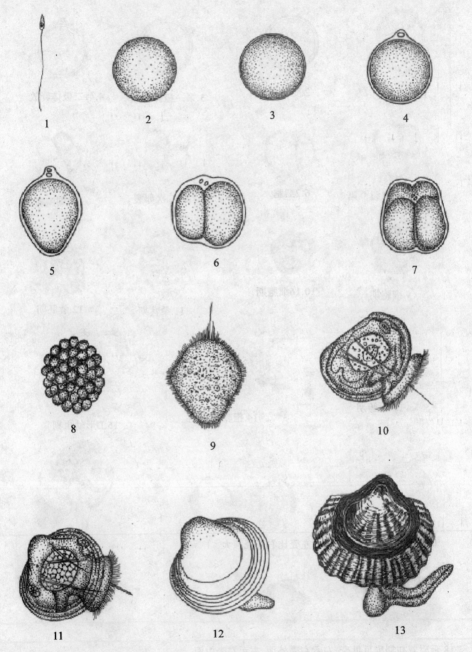

1.精子;2.成熟卵;3.受精卵;4.第一极体出现;5.极叶出现;6.2 细胞;7.4 细胞;8.囊胚期;9.担轮幼虫;10.直线铰合幼虫;11.壳顶幼虫;12.刚变态的稚贝;13.稚贝

图 2-2-16 泥蚶的胚胎和幼虫发生

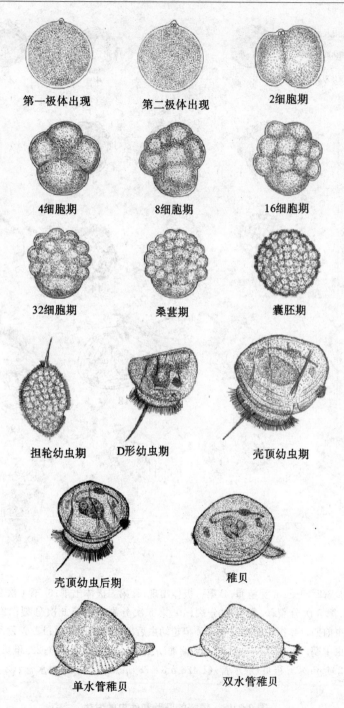

第一极体出现　　　第二极体出现　　　2细胞期

4细胞期　　　8细胞期　　　16细胞期

32细胞期　　　桑葚期　　　囊胚期

担轮幼虫期　　D形幼虫期　　　壳顶幼虫期

壳顶幼虫后期　　　　　稚贝

单水管稚贝　　　　双水管稚贝

图 2-2-17　菲律宾蛤仔的胚胎和幼虫的发生

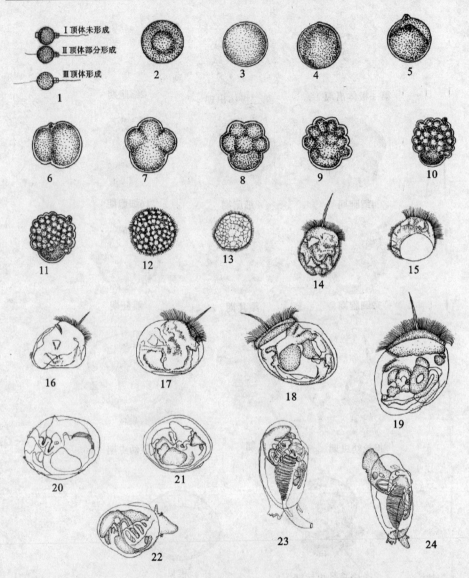

1. 精子的构造；2. 卵子；3. 受精卵；4. 第一极体出现；5. 第二极体出现；6. 第 1 次分裂；7. 第 2 次分裂；8. 第 3 次分裂；9. 第 4 次分裂；10. 第 5 次分裂；11. 第 6 次分裂；12. 囊胚期；13. 担轮幼虫前期；14. 担轮幼虫中期；15. 担轮幼虫后期；16. D 型幼虫；17. 壳顶幼虫初期；18. 壳顶幼虫中期；19. 壳顶幼虫后期；20. 匍匐幼虫；21. 稚贝（初形成）；22. 稚贝（单水管）（363 μm×294 μm）23. 稚贝（双水管）（1 428 μm×789 μm）24. 稚贝（双水管）（2 855 μm×1 513 μm）

图 2-2-18 缢蛏的胚胎和幼虫的发生

二、贝类育苗生产中各环节所用的器材等附图

(1)亲贝蓄养的浮动网箱:见图 2-2-19。

图 2-2-19　浮动网箱

(2)选优方式:见图 2-2-20。

A. 虹吸网箱选优

B. 拖网选优

图 2-2-20　选优方式

（3）换水滤鼓和网箱：见图 2-2-21，图 2-2-22。

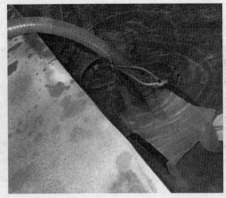

图 2-2-21　滤鼓及换水方式

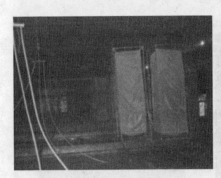

图 2-2-22　网箱及网箱换水方式

（4）贝类育苗用的附着基：见图 2-2-23。

A. 扇贝聚乙烯网片附着基　　　　B. 鲍鱼采苗用聚乙烯波纹板

C. 扇贝用的棕绳附着基　　　　　　　　D. 牡蛎扇贝壳附着基

图 2-2-23　贝类附着基

（5）贝类育苗高密度培育设施：见图 2-2-24。

图 2-2-24　贝类育苗高密度培育设施

（6）立柱式高密度饵料连续培养装置：见图 2-2-25。

图 2-2-25　立柱式高密度饵料连续培养装置

(7)鲍鱼产卵槽：见图2-2-26。

图2-2-26 鲍鱼产卵槽

(8)扇贝保苗网袋：见图2-2-27。

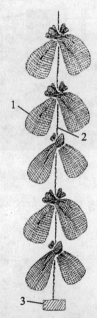

1.网袋；2.聚乙烯绳；3.坠石

图2-2-27 扇贝保苗网袋

第八节　贝类增养殖技术的实习

一、实习目的

基本了解贝类养殖设施、生产环节与管理技术；了解贝类生长发育与环境条件的关系。

二、实习要求

(1)观察海湾扇贝筏式养殖区的构造和规模，筏架的设置及方向，海湾扇贝养成笼的层数、结构和每层养殖扇贝的数量等，以及亩放养扇贝的数量。

(2)采集养殖海区海湾扇贝，测量壳长、壳高、壳宽；称重(包括软体部、闭壳肌)并计算出出柱率、出肉率。

(3)解剖软体部胃含物，进行食性分析和饵料种类鉴定。同时写出本次实习的体会、感受和建议。

三、实习的基本内容

贝类增养殖技术的实习主要是带领学生去养殖场，以参观、调查的方式进行，并取回养殖的贝类和海区的水样进行测量分析，确定贝类的养殖效果。

1. 养殖海区的调查

带队老师带领实习学生到指定的扇贝养殖场，出海参观扇贝养殖海区的扇贝筏式养殖海区的构造和规模，筏区的设计和方向，扇贝养殖笼的层数、结构和每层养殖扇贝的数量等。见图 2-2-28。滩涂贝类养殖场主要参观养殖滩涂的地质、品种和数量等。

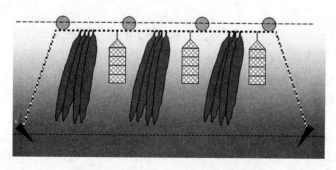

图 2-2-28　海上扇贝与海带混养示意图

养殖器材以亩为单位计算。每亩除需浮绠、橛缆、浮球等外,还需有养殖笼或养殖筒等养殖容器以及吊绳等,有关养殖器材种类、数量等详见表 2-2-29。

表 2-2-29　每亩养殖面积所需器材一览表

种类	规格	重量(kg)	数量	折旧(年)	备注
聚乙烯浮绠 聚乙烯橛缆	1.8～2 cm,2 500～3 000 股 1.8～2 cm,2 500～3 000 股	63.0 69.6	4 根 8 根	5 5	每根长 60 m 每根长 60 m
水泥驼子	由石块、砂、水泥浇铸而成,重 1 000～2 000 kg		8 个	5	风浪大海区可设双砣,也可使用橛子代替砣子,橛长 80～200 cm,直径 15～20 cm
浮球	塑料,直径 30～35 cm		320 个	5	
吊绳	120 股直径约 4 mm	50.0	400 根		3 每只网笼吊绳长 5 m
网笼(聚乙烯)	网目 2 cm,盘直径 30 cm,6～10 层,层间距 15～20 cm.		400 个	4～5	
套网(挤塑)	网目 1～1.3 cm		400 个	1	
缝线	直径 1 mm	1			
绑浮球绳	90 股	5.4		5	

2.贝类增养殖技术的调查

调查了解贝类养殖方式,放养种类、时间、密度和规格等。

3.采样

每点取贝类样品 50～60 个,1 000 mL 水样,带回实验室和实习场地,一部分用甲醛固定 20～30 个,用于食性分析;剩下的留作测定壳长、壳高、壳宽等用。水样用于初级生产力的分析。

4.贝类增养殖效果的具体分析

根据调查了解贝类养殖和室内测量和分析的具体情况,综合分析该海区贝类增养殖效果,并提出合理化的建议。

主要参考文献

1. 王如才,王照萍. 海水贝类养殖学[M]. 青岛:中国海洋大学出版社,2008

2. 王如才,俞开康,等. 海水养殖技术手册[M]. 上海:上海科技出版社,2001

3. 刘焕良. 综合教学实习与生产实习[M]. 北京:中国农业出版社,2004

4. 缪国荣,王承录,等. 海洋经济动植物发生学图集[M]. 青岛:中国海洋大学出版社,1990

5. 蔡英亚,张英,魏若飞. 贝类学概论[M]. 上海:上海科技出版社,1979

6. 王如才. 中国水生贝类原色图鉴[M]. 杭州:浙江科技出版社,1988

7. 齐钟彦. 中国经济软体动物[M]. 北京:中国农业出版社,1998

8. 张素萍. 中国海洋贝类图鉴[M]. 北京:海洋出版社,2008

9. 奥谷乔司. 日本近海产贝类图鉴[M]. 日本:东海大学出版会,2000

10. 董正之. 中国动物志—软体动物们(头足纲)[M]. 北京:科学出版社,1988